企业新工人三级安全教育培训教材

危险化学品企业新工人三级安全教育

张　荣　贺小兰　主编

中国劳动社会保障出版社

图书在版编目(CIP)数据

危险化学品企业新工人三级安全教育 / 张荣，贺小兰主编. --北京：中国劳动社会保障出版社，2023
企业新工人三级安全教育培训教材
ISBN 978-7-5167-6153-3

Ⅰ. ①危… Ⅱ. ①张… ②贺… Ⅲ. ①化工产品-危险品-安全生产-安全教育-教育培训-教材 Ⅳ. ①TQ086.5

中国国家版本馆 CIP 数据核字(2023)第 225834 号

中国劳动社会保障出版社出版发行
（北京市惠新东街 1 号　邮政编码：100029）
*
三河市华骏印务包装有限公司印刷装订　　新华书店经销
880 毫米×1230 毫米　32 开本　5.625 印张　151 千字
2023 年 12 月第 1 版　　2023 年 12 月第 1 次印刷
定价：25.00 元

营销中心电话：400-606-6496
出版社网址：http://www.class.com.cn

内容简介

本书主要介绍安全生产管理知识、安全技术基础知识、重大危险源与危险化学品事故应急救援、职业卫生与个体防护等相关知识，引用法律、法规和标准为最新版本。本书言简意赅、通俗易懂，适用于危险化学品生产、储存、使用和经营从业人员上岗前的三级安全教育，也可作为从事危险化学品相关行业安全管理人员的学习参考用书。

本书由张荣、贺小兰主编，张华东主审，参加编写人员有揭芳芳、马健、王雨、纵孟、王会强。本书在编写过程中参阅和引用了大量文献资料和相关著作，在此一并表示感谢。

前　言

《中华人民共和国安全生产法》规定，生产经营单位应当对从业人员进行安全生产教育和培训，保证从业人员具备必要的安全生产知识，熟悉有关的安全生产规章制度和安全操作规程，掌握本岗位的安全操作技能，了解事故应急处理措施，知悉自身在安全生产方面的权利和义务。未经安全生产教育和培训合格的从业人员，不得上岗作业。

《生产经营单位安全培训规定》（国家安全生产监督管理总局令第3号）规定，煤矿、非煤矿山、危险化学品、烟花爆竹等生产经营单位必须对新上岗的临时工、合同工、劳务工、轮换工、协议工等进行强制性安全培训，保证其具备本岗位安全操作、自救互救以及应急处置所需的知识和技能后，方能安排上岗作业。加工、制造业等生产单位的其他从业人员，在上岗前必须经过厂（矿）、车间（工段、区、队）、班组三级安全教育培训。

企业对新入厂的工人进行三级安全教育，既是依照法律履行企业的权利与义务，同时也是企业实现可持续发展的重要措施。

不同行业的企业生产特点各不相同，存在的危险因素也大相径庭，要求从业人员掌握的安全生产技能和知识也有所不同，很难通过一本书来面面俱到地涉及不同行业需要的不同内容。“企业新工人三级安全教育培训教材”按行业分类，更加深入、细致、全面地介绍相应行业的生产特点和技术要求，以及本行业从业人员可能遇到的典型危险因素，有助于新工人快速地掌握本行业的安全生产知识，更贴近企业三级安全教育的要求，利于本单位、本企业进行新工人培训时使用，使新工人在学习了相关内容之后能够顺利地走上工作岗位，并对其今后正确处理工作中遇到的安全生产问题具有指导意义。

我社于 2008 年、2016 年组织编写了两版“新工人三级安全教育丛书”，受到了广大企业的欢迎和好评，并将这套丛书作为企业新工人三级安全教育的教材和学习用书，取得了很好的效果。近年来，我国对安全生产相关的法律法规进行了一系列的制修订，安全生产技术也有了新发展，为了能够给各行业企业提供一套适应时代发展要求的图书，我社组织对原版图书进行了重新编写。为保障新工人教育培训考核的需要，丛书以教材的形式编写，设立了本章学习目标、复习思考题及本章小结。教材内容以实用、管用、够用为目标，向新工人讲解安全生产、职业健康基本知识与技能，是企业用于新工人三级安全教育的理想培训教材。

目　录

第一章　安全生产管理知识

本章学习目标

1. 了解三级安全教育的主要内容；
2. 了解安全生产法律体系构成；
3. 熟悉主要的安全生产法律法规；
4. 掌握从业人员安全生产权利和义务；
5. 掌握安全生产的刑事责任；
6. 掌握安全标志。

第一节　从业人员安全须知

随着科学技术的发展，机械化、自动化程度的提高，对劳动者的素质要求也在不断提高，不仅要求劳动者要有熟练的操作技能，而且要求劳动者具有良好的安全意识和安全操作技能。《生产经营单位安全培训规定》（国家安全生产监督管理总局令 3 号）规定，危险化学品生产经营单位必须对新上岗的临时工、合同工、劳务工、轮换工、协议工等进行强制性安全培训，保证其具备本岗位安全操作、自救互救以及应急处置所需的知识和技能后，方能安排上岗作业。如果该岗位是特殊工种，还应进行特殊工种的培训考核，获得相应资格后方可进行操作。

一、三级安全教育

三级安全教育是指加工、制造业等生产单位的从业人员，在上岗前必须经过厂、车间、班组三级安全教育。生产经营单位应当根据工作性质对从业人员进行安全培训，保证其具备本岗位安全操作、应急处置等知识和技能。

1. 厂级安全教育

厂级岗前安全教育内容主要包括本单位安全生产情况、安全生产基本知识、安全生产规章制度和劳动纪律、从业人员安全生产权利和义务、有关事故案例、事故应急救援、事故应急预案演练及防范措施等内容。

2. 车间级安全教育

车间级岗前安全教育内容主要包括本单位工作环境及危险因素、所从事工种可能遭受的职业伤害及伤亡事故、所从事工种的安全职责、操作技能及强制性标准、自救互救、急救方法、疏散及现场紧急情况的处理、安全设备设施和个人防护用品的使用及维护、车间安全生产状况及规章制度、预防事故和职业危害的措施及应注意的安全事项、有关事故案例和其他需要培训的内容。

3. 班组级安全教育

班组级岗前安全教育内容主要包括岗位安全操作规程、岗位之间工作衔接配合的安全及职业卫生事项、有关事故案例和其他需要培训的内容。

从业人员在本生产经营单位内调整工作岗位或离岗一年以上重新上岗时，应当重新接受车间和班组级的安全教育。生产经营单位采用新工艺、新技术、新材料或者使用新设备时，应当对有关从业人员重新进行有针对性的安全教育。

二、从业人员岗位安全职责

操作人员既是安全生产的受益者，又是安全生产的责任者。按照“纵向到底，横向到边”的原则，从管理人员到操作人员都要明确和落实各级安全生产责任制，避免安全生产事故的发生。

从业人员的岗位安全职责如下：

1. 认真学习安全生产法律法规、岗位安全操作知识，掌握安全操作技能。

2. 严格遵守各项安全生产规章制度，不违章作业。

3. 按照安全操作规程操作，认真做好记录，发现生产安全事故隐患应采取相应的安全措施，并及时报告。

4. 做好各种生产设备及工具的保养工作，保持作业场所清洁，文明生产。

5. 正确使用、妥善保管各种劳动防护用品和器具。

6. 拒绝违章作业的指令，并及时向上级报告，向监察部门反映或举报。

三、从业人员岗位操作安全须知

安全操作规程是作业人员操作机械设备等作业时必须遵守的程序，是企业安全生产规章制度的重要内容，是安全技术规定在各个岗位上的具体体现。

作业前要“一想、二查、三严”。一想，想当天生产作业岗位上有哪些不安全因素以及如何处置等，做到始终把安全工作放在首要位置。二查，查看工作场所、设备、工具等是否符合安全要求，有无事故隐患，再检查自己的操作是否会影响周围人的安全。三严，严格遵守安全生产规章制度，严格执行安全操作规程，严格遵守劳动纪律。严禁违章作业。

复习思考题

1. 什么是三级安全教育？
2. 简述三级安全教育的主要内容。
3. 简述从业人员的岗位安全职责。

第二节　安全生产方针及原则

一、安全生产的定义

安全生产是指为了使劳动过程在符合安全要求的物质条件和工作秩序下进行，防止伤亡事故、设备事故及各种灾害的发生，保障劳动者的安全健康和保证生产作业过程的正常进行而采取的各种措施和从事的一切活动。

二、安全生产方针

《中华人民共和国安全生产法》第三条规定，安全生产工作坚持中国共产党的领导。安全生产工作应当以人为本，坚持人民至上、生命至上，把保护人民生命安全摆在首位，树牢安全发展理念，坚持“安全第一、预防为主、综合治理”的方针，从源头上防范化解重大安全风险。

“安全第一”说明在生产经营活动中，在处理保证安全与实现生产经营活动的其他各项目标的关系上，要始终把安全特别是从业人员和其他人员的人身安全放在首要的位置，实行“安全优先”的原则。在确保安全的前提下，努力实现生产经营的其他目标。人的生命是至高无上的，每个人的生命只有一次，要珍惜生命、爱护生命、保护生命。事故意味着对生命的摧残与毁灭，因此，在生产活动中，应该把保护生命安全放在第一位。“预防为主”是安全生产方针的核心和具体体现，是实施安全生产的根本途径，也是实现安全第一的根本途径。所谓“预防为主”是指安全工作的重点应放在预防事故的发生上。安全工作应当做在生产活动之前，事先要充分考虑事故发生的可能性，并自始至终采取有效措施以防止和减少事故。“综合治理”是指综合运用法律、经济、行政等手段，从发展规划、行业管理、安全投入、科技进步、经济政策、教育培训、安全文化及责任追究等方面着手，建立安全生产长效机制，并充分发挥社会、职工、舆论的监督作用，形成标本兼治、齐抓共管的格局。

三、“三同时”原则

《建设项目安全设施“三同时”监督管理办法》规定，生产经营单位是建设项目安全设施建设的责任主体。建设项目安全设施必须与主体工程同时设计、同时施工、同时投入生产和使用。

《建设项目职业病防护设施“三同时”监督管理办法》规定，建设项目投资、管理的单位是建设项目职业病防护设施建设的责任主体。建设项目职业病防护设施必须与主体工程同时设计、同时施工、同时投入生产和使用。

四、“五同时”原则

“五同时”原则是指企业的生产组织及领导者在计划、布置、检查、总结、评比生产工作的时候，应同时计划、布置、检查、总结、评比安全工作。

五、“四不放过”原则

“四不放过”原则是指在调查处理工伤事故时，必须坚持事故原因没有调查清楚不放过，没有采取切实可行的防范措施不放过，事故的责任者没有被处理不放过，事故责任者和群众没有受到教育不放过。

六、“三个同步”原则

“三个同步”原则是指安全生产与经济建设、企业深化改革、技术改造同步规划、同步发展、同步实施。

七、“四不伤害”原则

“四不伤害”原则是指不伤害自己，不伤害他人，不被他人伤害，不让他人受到伤害。

复习思考题

1. 什么是事故处理“四不放过”原则？
2. 我国的安全生产方针是什么？
3. 什么是安全生产的“四不伤害”原则？

第三节　安全生产法律法规

安全生产法律法规是保护劳动者在生产过程中的生命安全和身体健康的有关法令、规程、条例、规定等法律文件的总称。安全生产法律法规的主要作用是调整生产过程及商品流通过程中人与人之间、人与自然之间的关系，维护社会主义劳动法律关系中的权利与义务、生产与安全的辩证关系，以保障劳动者在生产过程中的安全和健康。

一、安全生产法律体系构成

安全生产法律体系是指我国全部现行的、不同的安全生产法律规范形成的有机联系的统一整体。

从法的不同层级和效力位阶上，可以分为上位法与下位法。上位法是指法律地位、法律效力高于其他相关法的立法。下位法相对于上位法而言，是指法律地位、法律效力低于相关上位法的立法。

不同的安全生产立法对同一类或者同一个安全生产行为做出不同法律规定的，以上位法的规定为准，适用上位法的规定。上位法没有规定的，可以适用下位法。下位法的数量一般多于上位法。

1. 法律

法律是安全生产法律体系中的上位法，居于整个体系的最高层级，其法律地位和效力高于行政法规、地方性法规、部门规章、地方政府规章等下位法。国家现行的有关安全生产的专门法律有《中华人民共和国安全生产法》《中华人民共和国消防法》《中华人民共和国道路交通安全法》《中华人民共和国海上交通安全法》等，与安全生产相关的法律有《中华人民共和国劳动法》《中华人民共和国职业病防治法》《中华人民共和国工会法》等。

2. 法规

安全生产法规分为行政法规和地方性法规。

（1）行政法规。安全生产行政法规的法律地位和法律效力低于有关安全生产的法律，高于地方性安全生产法规、地方政府安全生产规章等下位法，如《危险化学品安全管理条例》等。

（2）地方性法规。地方性安全生产法规的法律地位和法律效力低于有关安全生产的法律、行政法规，高于地方政府安全生产规章。经济特区安全生产法规和民族自治地方安全生产法规的法律地位和法律效力与地方性安全生产法规相同。

3. 规章

安全生产行政规章分为部门规章和地方政府规章。

（1）部门规章。国务院有关部门依照安全生产法律、行政法规的规定或者国务院的授权制定发布的安全生产规章与地方政府规章之间具有同等效力，在各自的权限范围内施行。

（2）地方政府规章。地方政府安全生产规章是最低层级的安全生产立法，其法律地位和法律效力低于其他上位法，不得与上位法相抵触。

4. 法定安全生产标准

安全生产标准法律化是我国安全生产立法的重要趋势。安全生产标准一旦成为法律规定必须执行的技术规范，它就具有了法律上的地位和效力。法定安全生产标准分为国家标准、行业标准、地方标准、团体标准和企业标准，两者对生产经营单位的安全生产具有同样的约束力。法定安全生产标准主要是指强制性安全生产标准。

（1）国家标准。安全生产国家标准是指国家标准化行政主管部门依照《中华人民共和国标准化法》制定的在全国范围内适用的安全生产技术规范。

（2）行业标准。安全生产行业标准是指国务院有关部门和直属机构依照《中华人民共和国标准化法》制定的在安全生产领域内适用的安全生产技术规范。行业安全生产标准对同一安全生产事项的技术要求，可以高于国家安全生产标准，但不得与其相抵触。

二、主要相关法律法规

1.《中华人民共和国宪法》

《中华人民共和国宪法》第四十二条规定，中华人民共和国公民有劳动的权利和义务。国家通过各种途径，创造劳动就业条件，加强劳动保护，改善劳动条件，并在发展生产的基础上，提高劳动报酬和福利待遇。第四十三条规定，中华人民共和国劳动者有休息的权利。国家发展劳动者休息和休养的设施，规定职工的工作时间和休假制度。第四十八条规定，国家保护妇女的权利和利益，实行男女同工同酬。

2. 《中华人民共和国安全生产法》

《中华人民共和国安全生产法》是为了加强安全生产工作，防止和减少生产安全事故，保障人民群众生命和财产安全，促进经济社会持续健康发展而制定的法律。安全生产工作应当以人为本，坚持人民至上，把保护人民生命安全摆在首位，树牢安全发展理念，坚持“安全第一、预防为主、综合治理”的方针，从源头上防范化解重大安全风险。2021 年 6 月 10 日，根据第十三届全国人民代表大会常务委员会第二十九次会议《关于修改〈中华人民共和国安全生产法〉的决定》第三次修正。该法共有七章一百一十九条，主要对生产经营单位的安全生产保障、从业人员的安全生产权利义务、安全生产的监督管理、生产安全事故的应急救援与调查处理及法律责任做出了基本的法律规定。

3. 《中华人民共和国劳动法》

《中华人民共和国劳动法》是为了保护劳动者的合法权益，调整劳动关系，建立和维护适应社会主义市场经济的劳动制度，促进经济发展和社会进步，根据宪法制定。

该法于 1994 年 7 月 5 日第八届全国人民代表大会常务委员会第八次会议通过，根据 2009 年 8 月 27 日第十一届全国人民代表大会常务委员会第十次会议《关于修改部分法律的决定》第一次修正。根据 2018 年 12 月 29 日第十三届全国人民代表大会常务委员会第七次会议《关于修改〈中华人民共和国劳动法〉等七部法律的决定》第二次修正。该法共有十三章一百零七条。第四章对维护和实现劳动者的休息权利，合理安排工作时间和休息时间做了法律规定；第六章从六个方面规定了劳动安全卫生；第七章对女职工和未成年工特殊保护做出了法律规定；第八章明确提出了劳动者的职业培训要求。

4. 《中华人民共和国职业病防治法》

《中华人民共和国职业病防治法》是为了预防、控制和消除职业病危害，防治职业病，保护劳动者健康及其相关权益，促进经济社会发展，根据宪法制定。根据 2017 年 11 月 4 日第十二届全国人民代表大会常务委员会第三十次会议《关于修改〈中华人民共和国会计法〉等十一部法律的决定》第三次修正。根据2018年12月29日第十三届全国人民代表大会常务委员会第七次会议《关于修改〈中华人民共和国劳动法〉等七部法律的决定》第四次修正。

职业病防治工作坚持预防为主、防治结合的方针，建立用人单位负责、行政机关监管、行业自律、职工参与和社会监督的机制，实行分类管理、综合治理。用人单位应当为劳动者创造符合国家职业卫生标准和卫生要求的工作环境和条件，并采取措施保障劳动者获得职业卫生保护。用人单位应当建立、健全职业病防治责任制，加强对职业病防治的管理，提高职业病防治水平，对本单位产生的职业病危害承担责任。用人单位的主要负责人和职业卫生管理人员应当接受职业卫生培训，遵守职业病防治法律、法规，依法组织本单位的职业病防治工作。

5.《使用有毒物品作业场所劳动保护条例》

《使用有毒物品作业场所劳动保护条例》（国务院令第352号）是为了保证作业场所安全使用有毒物品，预防、控制和消除职业中毒危害，保护劳动者的生命安全、身体健康及其相关权益，根据职业病防治法和其他有关法律、行政法规的规定制定，经2002年4月30日国务院第57次常务会议通过，由国务院于2002年5月12日发布并实施。该条例共有八章七十一条。

6.《工伤保险条例》

《工伤保险条例》是为了保障因工作遭受事故伤害或者患职业病的职工获得医疗救治和经济补偿，促进工伤预防和职业康复，分散用人单位的工伤风险制定，由国务院于2003年4月27日发布，自2004年1月1日起施行。新的《工伤保险条例》在原有的基础上进行了部分改动。根据2010年12月20日《国务院关于修改〈工伤保险条例〉的决定》修订，2011年1月1日开始施行。该条例共有八章六十七条。

《工伤保险条例》第十四条规定，职工有下列情形之一的，应当认定为工伤：

（1）在工作时间和工作场所内，因工作原因受到事故伤害的。

（2）工作时间前后在工作场所内，从事与工作有关的预备性或者收尾性工作受到事故伤害的。

（3）在工作时间和工作场所内，因履行工作职责受到暴力等意外伤害的。

（4）患职业病的。

（5）因工外出期间，由于工作原因受到伤害或者发生事故下落不明的。

（6）在上下班途中，受到非本人主要责任的交通事故或者城市轨道交通、客运轮渡、火车事故伤害的。

（7）法律、行政法规规定应当认定为工伤的其他情形。

7.《危险化学品生产企业安全生产许可证实施办法》

新修订的《危险化学品生产企业安全生产许可证实施办法》于2011年7月22日国家安全生产监督管理总局局长办公会议审议通过，自2011年12月1日起施行。国家安全生产监督管理总局令第89号《国家安全监管总局关于修改和废止部分规章及规范性文件的决定》于2017年1月10日国家安全生产监督管理总局局长办公会议审议通过，将《危险化学品生产企业安全生产许可证实施办法》（2011年8月5日国家安全生产监督管理总局令第41号公布，根据2015年5月27日国家安全生产监督管理总局令第79号修正）第十六条、第二十五条、第三十条中的“安全资格证”修改为“安全合格证”。该办法共有七章五十七条，包括总则、申请安全生产许可证的条件、安全生产许可证的申请、安全生产许可证的颁发、监督管理、法律责任、附则。该办法在相关法律法规框架下，针对危险化学品生产的特点，明确了危险化学品生产企业的准入门槛，从申请条件、颁证程序、延期和变更手续、法律责任等各个环节规范了危险化学品生产企业安全生产许可证的颁发管理，并且明确了各级安全监管部门、企业和安全评价机构等相关各方的责任。

8.《危险化学品安全管理条例》

《危险化学品安全管理条例》于2002年1月26日公布，2011年2月16日国务院第144次常务会议修订通过，自2011年12月1日起施行。制定该条例的目的是加强危险化学品的安全管理，预防和减少危险化学品事故，保障人民群众生命财产安全，保护环境。该条例共有八章一百零二条。该条例要求危险化学品安全管理应当坚持“安全第一、预防为主、综合治理”的方针，强化和落实企业的主体责任。生产、储存、使用、经营、运输危险化学品的单位的主要负责人对本单位的危险化学品安全管理工作全面负责。危险化学品单位应当具备法律、行政法规规定和国家标准、行业标准要求的安全条件，建立、健全安全管理规章制度和岗位安全责任制度，对从业人员进行安全教育、法制教育和岗位技术培训。从业人员应当接受教育和培训，考核合格后上岗作业；对有资格要求的岗位，应当配备依法取得相应资格的人员。

任何单位和个人不得生产、经营、使用国家禁止生产、经营、使用的危险化学品。国家对危险化学品的使用有限制性规定的，任何单位和个人不得违反限制性规定使用危险化学品。对危险化学品的生产、储存、使用、经营、运输实施安全监督管理的有关部门依照有关规定履行职责进行审批和管理。

9.《易制毒化学品管理条例》

《易制毒化学品管理条例》是对易制毒化学品的管理条例，由中华人民共和国国务院于2005 年8 月26 日颁布，2005 年11 月1 日起实施。该条例共有八章四十五条。根据2014 年7 月29 日公布的国务院令653 号《国务院关于修改部分行政法规的决定》第十五条修改。根据2016 年2 月6 日公布的国务院令第666 号《国务院关于修改部分行政法规的决定》第四十六条修改。根据2018 年9 月18 日公布的国务院令第703 号《国务院关于修改部分行政法规的决定》第六条修改。其目的是加强易制毒化学品管理，规范易制毒化学品的生产、经营、购买、运输和进口、出口行为，防止易制毒化学品被用于制造毒品，维护经济和社会秩序。国家对易制毒化学品的生产、经营、购买、运输和进口、出口实行分类管理和许可制度。易制毒化学品分为三类。第一类是可以用于制毒的主要原料，第二类、第三类是可以用于制毒的化学配剂。

复习思考题

1. 制定《中华人民共和国安全生产法》的目的是什么?
2. 有哪些情形应当认定为工伤?
3. 劳动者的职业培训要求有哪些?
4. 什么是易制毒化学品?易制毒化学品分为哪几类?

第四节　从业人员安全生产权利和义务

一、从业人员的安全生产权利

《中华人民共和国安全生产法》规定了从业人员必须享有的有关安全生产和人身安全的最重要、最基本的权利，这些基本安全生产权利可以概括为以下四项。

1. 享受社会保险和民事赔偿的权利

《中华人民共和国安全生产法》第五十二条规定，生产经营单位与从业人员订立的劳动合同，应当载明有关保障从业人员劳动安全、防止职业危害的事项，以及依法为从业人员办理工伤保险的事项。生产经营单位不得以任何形式与从业人员订立协议，免除或者减轻其对从业人员因生产安全事故伤亡依法应承担的责任。第五十六条规定，因生产安全事故受到损害的从业人员，除依法享有工伤保险外，依照有关民事法律尚有获得赔偿的权利的，有权提出赔偿要求。第五十一条规定，生产经营单位必须依法参加工伤保险，为从业人员缴纳保险费。

2. 享受知情权和建议的权利

《中华人民共和国安全生产法》第五十三条规定，生产经营单位的从业人员有权了解其作业场所和工作岗位存在的危险因素、防范措施及事故应急措施，有权对本单位的安全生产工作提出建议。

3. 享受安全工作监督并受到保护权利

《中华人民共和国安全生产法》第五十四条规定，从业人员有权对本单位安全生产工作中存在的问题提出批评、检举、控告；有权拒绝违章指挥和强令冒险作业。生产经营单位不得因从业人员对本单位安全生产工作提出批评、检举、控告或者拒绝违章指挥、强令冒险作业而降低其工资、福利等待遇或者解除与其订立的劳动合同。

4. 享受安全紧急情况的处置权及保护权利

《中华人民共和国安全生产法》第五十五条规定，从业人员发现直接危及人身安全的紧急情况时，有权停止作业或者在采取可能的应急措施后撤离作业场所。生产经营单位不得因从业人员在前款紧急情况下停止作业或者采取紧急撤离措施而降低其工资、福利等待遇或者解除与其订立的劳动合同。

二、从业人员的安全生产义务

1. 遵章守规，服从管理的义务

《中华人民共和国安全生产法》第五十七条规定，从业人员在作业过程中，应当严格落实岗位安全责任，遵守本单位的安全生产规章制度和操作规程，服从管理，正确佩戴和使用劳动防护用品。

根据《中华人民共和国安全生产法》和其他有关法律、法规和规章的规定，生产经营单位必须制定本单位安全生产的规章制度和操作规程，从业人员必须严格依照这些规章制度和操作规程进行生产经营作业，否则不得上岗作业。生产经营单位的从业人员不服从管理，违反安全生产规章制度和操作规程的，由生产经营单位给予批评教育，依照有关规章制度给予处分，造成重大事故、构成犯罪的，依照刑法有关规定追究刑事责任。

2. 接受安全生产教育和培训的义务

《中华人民共和国安全生产法》第五十八条规定，从业人员应当接受安全生产教育和培训，掌握本职工作所需的安全生产知识，提高安全生产技能，增强事故预防和应急处理能力。

从业人员的安全生产意识和安全技能，直接关系到生产经营活动的安全可靠性，特别是从事危险物品生产作业的从业人员，更需要具有系统的安全知识、熟练的安全生产技能及对不安全因素和事故隐患、突发事故的预防、处理能力和经验。许多国有和大型企业比较重视安全培训工作，从业人员的安全素质比较高，但是许多非国有企业和中小企业不重视或者不进行安全培训，有的没有经过专门的安全生产培训或者简单应付了事，其中部分从业人员不具备应有的安全素质，因此违章、违规操作酿成事故的比比皆是。

3. 对不安全因素的报告义务

从业人员直接进行生产经营作业，是事故隐患和不安全因素的第一当事人，许多生产安全事故是由于从业人员在作业现场发现事故隐患和不安全因素后没有及时报告，以致错过了采取措施进行紧急处理的时机，并由此发生重大、特大事故。如果从业人员尽职尽责，及时发现并报告事故隐患和不安全因素，使许多事故隐患能够得到及时有效的处理，就完全可以避免事故发生和降低事故损失。《中华人民共和国安全生产法》第五十九条规定，从业人员发现事故隐患或者其他不安全因素，应当立即向现场安全生产管理人员或者本单位负责人报告；接到报告的人员应当及时予以处理。这就要求从业人员必须具有高度的责任心，及时发现事故隐患和不安全因素，防患于未然，预防事故发生。

《中华人民共和国劳动法》第三条规定，劳动者应当完成劳动任务，提高职业技能，执行劳动安全卫生规程，遵守劳动纪律和职业道德。

复习思考题

1.《中华人民共和国安全生产法》规定的从业人员的安全生产权利有哪些？

2.《中华人民共和国安全生产法》规定的从业人员的安全生产义务有哪些？

第五节　危险化学品企业安全生产禁令

一、生产厂区

1. 加强明火管理，厂区内不准吸烟。

2. 生产区内，不准未成年人进入。
3. 上班时间，不准睡觉、干私活、离岗和干与生产无关的事。
4. 在班前、班上不准喝酒。
5. 不准使用汽油等易燃液体擦洗设备、用具和衣物。
6. 不按规定穿戴劳动防护用品，不准进入生产岗位。
7. 安全装置不齐全的设备不准使用。
8. 不是自己分管的设备、工具不准动用。
9. 检修设备时安全措施不落实，不准开始检修。
10. 停机检修后的设备，未经彻底检查，不准启用。
11. 未办高处作业许可证，不系安全带，脚手架、跳板不牢，不准登高作业。
12. 石棉瓦上不固定好跳板，不准作业。
13. 未安装触电保安器的移动式电动工具，不准使用。
14. 未取得作业许可证的职工，不准独立作业；特殊工种职工，未经取证，不准作业。

二、操作工

1. 严格执行交接班制。
2. 严格进行巡回检查。
3. 严格控制工艺指标。
4. 严格执行操作法（票）。
5. 严格遵守劳动纪律。
6. 严格执行安全规定。

三、动火作业

1. 动火证未经批准，禁止动火。
2. 不与生产系统可靠隔绝，禁止动火。
3. 不清洗，置换不合格，禁止动火。
4. 不消除周围易燃物，禁止动火。
5. 不按时做动火分析，禁止动火。
6. 没有消防设施，禁止动火。

四、进入容器

1. 必须申请、办证，并得到批准。
2. 必须进行安全隔绝。
3. 必须切断动力电，并使用安全灯具。
4. 必须进行置换、通风。
5. 必须按时间要求进行安全分析。
6. 必须佩戴规定的防护用具。
7. 必须有人在器外监护，并坚守岗位。
8. 必须有抢救后备措施。

五、机动车辆七大禁令

1. 严禁无令、无证开车。
2. 严禁酒后开车。
3. 严禁超速行车和空档溜车。
4. 严禁带病行车。
5. 严禁人货混载行车。
6. 严禁超标装载行车。
7. 严禁无阻火器车辆进入禁火区。

复习思考题

1. 化工安全生产操作工的“六个严格”是哪些？
2. 化工安全生产进入容器、设备的“八个必须”是哪些？
3. 化工生产厂区“十四个不准”是哪些？

第六节 安全生产责任追究

一、行政责任

《中华人民共和国安全生产法》第一百零七条规定，生产经营单位的从业人员不落实岗位安全责任，不服从管理，违反安全生产规章制度或者操作规程的，由生产经营单位给予批评教育，依照有关规章制度给予处分。

1. 由生产经营单位给予批评教育

由生产经营单位对该从业人员违反规章制度和操作规程的行为进行批评，同时对其进行有关安全生产知识等方面的教育，使其认识到严格遵守安全生产规章制度和操作规程的重要性，以及违反安全生产规章制度或者操作规程可能造成的严重后果和依法应当承担的法律责任，确保其不再违反制度。

2. 依照有关规章制度给予处分

这里讲的“规章制度”主要是指生产经营单位依法制定的内部奖惩制度。《中华人民共和国劳动法》第二十五条规定，严重违反劳动纪律或用人单位规章制度的，用人单位可以解除劳动合同。

二、民事责任

《中华人民共和国民法典》被称为“社会生活的百科全书”，是中华人民共和国第一部以法典命名的法律，在法律体系中居于基础性地位，也是市场经济的基本法。其中第一百七十六条规定，民事主体依照法律规定或者按照当事人约定，履行民事义务，承担民事责任。民事责任是指民事主体不履行或者不完全履行民事义务应当依法承担的不利后果。不履行或者不完全履行民事义务，就是违反民事义务。民事责任既是违反民事义务所承担的法律后果，也是救济民事权利损害的必要措施，还是保护民事权利的直接手段。

三、刑事责任

《中华人民共和国安全生产法》第一百零七条规定，生产经营单位的从业人员不落实岗位安全责任，不服从管理，违反安全生产规章制度或者操作规程的，由生产经营单位给予批评教育，依照有关规章制度给予处分；构成犯罪的，依照刑法有关规定追究刑事责任。

这里的“构成犯罪”，主要是指《刑法》第一百三十四条规定的，在生产、作业中违反有关安全管理的规定，因而发生重大伤亡事故或者造成其他严重后果的，处三年以下有期徒刑或者拘役；情节特别恶劣的，处三年以上七年以下有期徒刑。

强令他人违章冒险作业，或者明知存在重大事故隐患而不排除，仍冒险组织作业，因而发生重大伤亡事故或者造成其他严重后果的，处五年以下有期徒刑或者拘役；情节特别恶劣的，处五年以上有期徒刑。

第一百三十四条之一规定，在生产、作业中违反有关安全管理的规定，有下列情形之一，具有发生重大伤亡事故或者其他严重后果的现实危险的，处一年以下有期徒刑、拘役或者管制：

1. 关闭、破坏直接关系生产安全的监控、报警、防护、救生设备、设施，或者篡改、隐瞒、销毁其相关数据、信息的；

2. 因存在重大事故隐患被依法责令停产停业、停止施工、停止使用有关设备、设施、场所或者立即采取排除危险的整改措施，而拒不执行的；

3. 涉及安全生产的事项未经依法批准或者许可，擅自从事矿山开采、金属冶炼、建筑施工，以及危险物品生产、经营、储存等高度危险的生产作业活动的。

第一百三十五条规定，安全生产设施或者安全生产条件不符合国家规定，因而发生重大伤亡事故或者造成其他严重后果的，对直接负责的主管人员和其他直接责任人员，处三年以下有期徒刑或者拘役；情节特别恶劣的，处三年以上七年以下有期徒刑。

第一百三十六条规定，违反爆炸性、易燃性、放射性、毒害性、腐蚀性物品的管理规定，在生产、储存、运输、使用中发生重大事故，造成严重后果的，处三年以下有期徒刑或者拘役；后果特别严重的，处三年以上七年以下有期徒刑。

第一百三十九条之一规定，在安全事故发生后，负有报告职责的人员不报或者谎报事故情况，贻误事故抢救，情节严重的，处三年以下有期徒刑或者拘役；情节特别严重的，处三年以上七年以下有期徒刑。

《中华人民共和国安全生产法》规定，生产经营单位的主要负责人在本单位发生生产安全事故时，不立即组织抢救或者在事故调查处理期间擅离职守或者逃匿的，给予降级、撤职的处分，并由应急管理部门处上一年年收入百分之六十至百分之一百的罚款；对逃匿的处十五日以下拘留；构成犯罪的，依照刑法有关规定追究刑事责任。

《生产安全事故报告和调查处理条例》第三十九条规定，有关地方人民政府、安全生产监督管理部门和负有安全生产监督管理职责的有关部门有下列行为之一的，对直接负责的主管人员和其他直接责任人员依法给予处分；构成犯罪的，依法追究刑事责任：不立即组织事故抢救的；迟报、漏报、谎报或者瞒报事故的；阻碍、干涉事故调查工作的；在事故调查中作伪证或者指使他人作伪证的。

复习思考题

1. 什么是重大责任事故罪？
2. 什么是危险作业罪？
3. 什么是重大劳动安全事故罪？
4. 什么是危险物品肇事罪？

第七节 安全色与安全标志

一、安全色

安全色是指传递安全信息含义的颜色。国家标准《安全色》（GB 2893—2008）对全国使用的安全色标进行统一，操作人员上岗前应熟练掌握识别安全色标，以减少和杜绝意外安全事故。

《安全色》（GB 2893—2008）中采用了四种颜色：红、黄、蓝、绿。红色传递禁止、停止、危险或提示消防设备、设施的信息。黄色传递警告和注意的信息。蓝色传递必须遵守规定的指令性信息。绿色传递安全的提示性信息。

为了使安全色更加醒目，使用其反衬色叫对比色，包括黑、白两种颜色。黑色用于安全标志的文字、图形符号和警告标志的几何边框。白色用于安全标志中红、蓝、绿的背景色，也可用于安全标志的文字和图形符号。安全色与对比色同时使用时，应按表 1-1 规定搭配使用。

表 1-1　安全色的对比色

安全色	对比色
红色	白色
黄色	黑色
蓝色	白色
绿色	白色

红色与白色相间条纹表示禁止或提示消防设备、设施位置的安全标记。黄色与黑色相间条纹表示危险位置的安全标记。蓝色与白色相间条纹表示指令的安全标记，传递必须遵守规定的信息。绿色与白色相间条纹表示安全环境的安全标记。

二、安全标志

根据国家标准《安全标志及其使用导则》（GB 2894—2008），安全标志是用以表达特定安全信息的标志，由图形符号、安全色、几何形状（边框）或文字构成。安全标志是向工作人员警示工作场所或周围环境的危险状况，指导人们采取合理行为的标志。安全标志能够提醒工作人员预防危险，从而避免事故发生；当危险发生时，能够指示人们尽快逃离，或者指示人们采取正确、有效、得力的措施，对危害加以遏制。安全标志不仅类型要与所警示的内容相吻合，而且设置位置要正确合理，否则就难以真正充分发挥其警示作用。

安全标志分为禁止标志、警告标志、指令标志和提示标志四类。详见书后附录彩插。

1. 禁止标志

禁止标志是禁止人们不安全行为的图形标志，其含义是不准或制止人们的某些行动。禁止标志的基本形式是带斜杠的圆边框，其中圆边与斜杠相连，用红色；图形符号用黑色，背景用白色。禁止标志共有 40 个。

2. 警告标志

警告标志是提醒人们对周围环境引起注意，以避免可能发生危险的图形标志，其含义是警告人们可能发生的危险。警告标志的基本形式是正三角形边框，几何图形是黑色的正三角形、黑色符号和黄色背景。警告标志共有 39 个。

3. 指令标志

指令标志是强制人们必须做出某种动作或采用防范措施的图形标志，其含义是必须遵守。指令标志的基本形式是圆形边框，几何图形是圆形，蓝色背景，白色图形符号。指令标志共有 16 个。

4. 提示标志

提示标志是向人们提供某种信息（如标明安全设施或场所等）的图形标志，其含义是示意目标的方向。提示标志的基本形式是正方形边框，几何图形是方形，绿色背景，白色图形符号及文字。提示标志提示目标的位置时要加方向辅助标志。按实际需要指示左向时，辅助标志应放在图形标志的左方；如指示右向时，则应放在图形标志的右方，如图 1-1 所示。提示标志共有 8 个。

图 1-1 应用方向辅助标志示例

复习思考题

1. 安全色有哪些？分别表示什么含义？

2. 安全色的对比色包括哪些？主要用于哪些方面？

3. 安全标志有几类？各类安全标志的含义是什么，有哪些基本形式？

本章小结

本章主要介绍了三级安全教育的内容、从业人员的岗位安全职责、安全生产方针及相关原则、主要相关法律法规、从业人员的安全生产权利和义务、安全生产责任追究尤其是刑事责任以及安全色和安全标志的含义及其标志图形。

第二章　安全技术基础知识

本章学习目标

1. 了解危险化学品的定义；

2. 熟悉危险化学品的分类；

3. 掌握危险化学品的安全标签和安全技术说明书；

4. 掌握危险化学品的安全管理（生产、使用、储存与经营、包装与运输）；

5. 掌握防火防爆知识；

6. 掌握电气安全要求；

7. 掌握化工检修的安全作业；

8. 了解安全心理和习惯违章知识；

9. 了解常用灭火剂，掌握灭火器的使用。

第一节　危险化学品概述

一、化学品及危险化学品概念

1. 化学品

化学品是指各种化学元素或由化学元素组成的化合物及其混合物，可以是天然的也可以是人造的。

物质是指自然状态下通过任何制造过程获得的化学元素及其化合物，包括为保持其稳定性而添加的任何添加剂和加工过程中产生的任何杂质，但不包括任何不会影响物质稳定性或不会改变其成分的可分离的溶剂。

2. 危险化学品

根据《危险化学品安全管理条例》，危险化学品是指具有毒害、腐蚀、爆炸、燃烧、助燃等性质，对人体、设施、环境具有危害的剧毒化学品和其他化学品，如氯气有毒、有刺激性，硝酸有强烈腐蚀性，它们均属危险化学品。

二、危险化学品的危害

危险化学品的危害主要包括燃爆危害、健康危害和环境危害。

1. 危险化学品的燃爆危害

燃爆危害是指化学品能引起燃烧、爆炸的危险。化工、石油化工企业由于生产中使用的原料、中间产品及产品多为易燃、易爆物，一旦发生火灾、爆炸事故，会造成严重的后果。因此了解危险化学品火灾、爆炸危害，正确进行危害性评价，及时采取防范措施，对搞好安全生产、防止事故发生具有重要意义。

2. 危险化学品的健康危害

健康危害是指接触危险化学品后能对人体产生的危害。由于危险化学品具有毒性、刺激性、腐蚀性、麻醉性、窒息性等特性，导致每年都发生人员中毒事故。危险化学品事故统计资料显示，由于危险化学品的毒性危害导致的人员伤亡事故占危险化学品安全事故伤亡的 50% 左右。因此，关注危险化学品健康危害将是化学品安全管理的重要内容。

3. 危险化学品的环境危害

环境危害是指危险化学品对环境产生的危害。随着工业发展，各种危险化学品产量大增，新的危险化学品也不断涌现。在人们充分利用危险化学品的同时也产生了大量的废物，其中不乏有毒有害物质。如何认识危险化学品的污染危害，最大限度地降低危险化学品的污染、加强环境保护力度，已是亟待解决的问题。

三、危险化学品危害控制的基本原则

危险化学品危害控制的基本原则一般包括两个方面：操作控制和管理控制。

操作控制的目的是通过采取适当的措施，消除或降低工作场所的危害，防止工人在正常作业时受到有害物质的侵害。采取的主要措施是替代、变更工艺、隔离、通风、个体防护和职业卫生。

管理控制是指通过管理手段按照国家法律和标准建立安全管理程序和措施，这是预防和控制危险化学品危害的重要方面。如作业场所危害识别，在危险化学品包装上粘贴安全标签，在危险化学品运输、经营过程中附化学品安全技术说明书，对从业人员进行安全培训和资质认定，采取接触监测、医学监督等措施均可达到管理控制的目的。

复习思考题

1. 什么是危险化学品？
2. 危险化学品的危害主要包括有哪些？
3. 危险化学品危害控制的基本原则是什么？

第二节　危险化学品分类

《危险化学品安全管理条例》第三条规定，危险化学品目录，由国务院安全生产监督管理部门会同国务院工业和信息化、公安、环境保护、卫生、质量监督检验检疫、交通运输、铁路、民用航空、农业主管部门，根据化学品危险特性的鉴别和分类标准确定、公布，并适时调整。《危险化学品目录（2015 版）》中单个危险化学品共有 2 828 个条目，其中剧毒化学品 148 个。

《化学品分类和标签规范》（GB 30000. 2—2013 ~ GB 30000. 29—2013）按照危险化学品具有的理化危险、健康危害和环境危害，将化学品危险性分为三个大类 28 个小类。

属于理化危险的有 16 类，分别为爆炸物、易燃气体、气溶胶、氧化性气体、加压气体、易燃液体、易燃固体、自反应物质和混合物、自燃液体、自燃固体、自热物质和混合物、遇水放出易燃气体的物质和混合物、氧化性液体、氧化性固体、有机过氧化物和金属腐蚀物。

属于健康危害的有 10 类，分别为急性毒性、皮肤腐蚀/刺激、严重眼损伤/眼刺激、呼吸道或皮肤致敏、生殖细胞致突变性、致癌物、生殖毒性、特异性靶器官毒性－一次接触、特异性靶器官毒性－反复接触和吸入危害。

属于环境危害的有 2 类，分别为对水生环境的危险和对臭氧层的危害。

一、理化危险

1. 爆炸物

（1）爆炸物质（或混合物）。能通过化学反应在内部产生一定速度、一定温度与压力的气体，且对周围环境具有破坏作用的一种固体或液体物质（或其混合物）。烟火物质或混合物无论其是否产生气体都属于爆炸物质。

（2）烟火物质（或混合物）。能发生非爆轰且自供氧放热化学反应的物质或混合物，并产生热、光、声、气、烟或几种效果的组合。

（3）爆炸品。包含一种或多种爆炸物质或其混合物的物品。

（4）烟火制品。包含一种或多种烟火物质或其混合物的物品。

爆炸物标签要素的分配见表 2-1。

表 2-1　爆炸物标签要素的分配

爆炸物						
不稳定爆炸物	1.1 项	1.2 项	1.3 项	1.4 项	1.5 项	1.6 项
					无象形图 1.5，底色橙色	无象形图 1.6，底色橙色
危险	危险	危险	危险	警告	危险	无信号词
不稳定爆炸物	爆炸物；整体爆炸危险	爆炸物；严重迸射危险	爆炸物；燃烧、爆轰或迸射危险	燃烧或迸射危险	遇火可能整体爆炸	无危险说明

2. 易燃气体

易燃气体是一种在 20 ℃和标准压力 101. 3 kPa 下与空气混合有一定易燃范围的气体。易燃气体标签要素的分配见表 2-2。

表 2-2 易燃气体标签要素的分配

类别 1	类别 2
危险 极易燃气体	无象形图 警告 易燃气体

3. 气溶胶

气溶胶是喷雾器（系任何不可重新灌装的容器，该容器用金属、玻璃或塑料制成）内装压缩、液化或加压溶解的气体（包含或不包含液体、膏剂或粉末），并配有释放装置以使内装物喷射出来，在气体中形成悬浮的固态或液态微粒或形成泡沫、膏剂或粉末或者以液态或气态形式出现。气溶胶标签要素的分配见表 2-3。

表 2-3 气溶胶标签要素的分配

类别 1	类别 2
危险 极易燃气溶胶 带压力容器：如受热可能爆裂	警告 易燃气溶胶 带压力容器：如受热可能爆裂

4. 氧化性气体

氧化性气体是一般通过提供氧气，比空气更能导致或促使其他物质燃烧的任何气体。氧化性气体标签要素的分配见表 2-4。

5. 加压气体

加压下气体是在 20 ℃下，压力等于或大于 200 kPa（表压）下装入储器的气体，或是液化气体或冷冻液化气体。加压气体包括压缩气体、液化气体、溶解气体、冷冻液化气体。加压气体标签要素的分配见表 2-5。

表 2-4　氧化性气体标签要素的分配

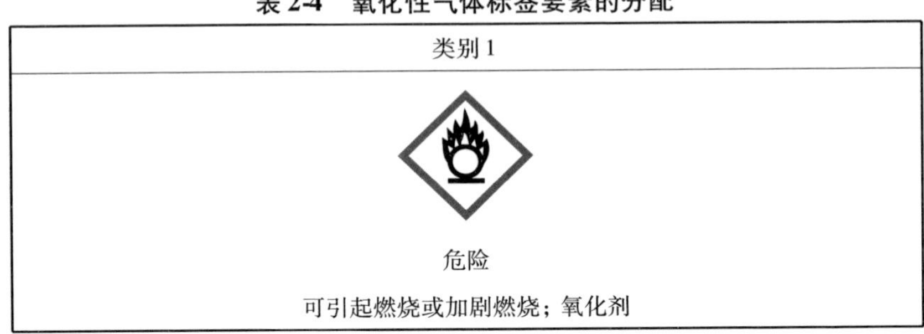

类别 1
危险
可引起燃烧或加剧燃烧；氧化剂

表 2-5　加压气体标签要素的分配

压缩气体	液化气体	冷冻液化气体	溶解气体
警告	警告	警告	警告
内装加压气体；遇热可能爆炸	内装加压气体；遇热可能爆炸	内装冷冻气体；可能造成低温灼伤或损伤	内装加压气体；遇热可能爆炸

6. 易燃液体

易燃液体是闪点不高于 93 ℃的液体。易燃液体标签要素的分配见表 2-6。

表 2-6　易燃液体标签要素的分配

类别 1	类别 2	类别 3	类别 4
			无象形图
危险	危险	警告	警告
极易燃液体和蒸气	高度易燃液体和蒸气	易燃液体和蒸气	可燃液体

7. 易燃固体

易燃固体是容易燃烧的固体，通过摩擦引燃或助燃的固体。它们与点火源（如着火的火柴）短暂接触能容易点燃且火焰迅速蔓延的粉状、颗粒状或糊状物质的固体。易燃固体标签要素的分配见表 2-7。

表 2-7 易燃固体标签要素的分配

类别 1	类别 2
危险 易燃固体	警告 易燃固体

8. 自反应物质和混合物

自反应物质和混合物是即使没有氧（空气）也容易发生激烈放热分解的热不稳定液态或固态物质或者混合物。不包括根据统一分类制度分类为爆炸物、有机过氧化物或氧化物质的物质和混合物。

自反应物质和混合物如果在实验室试验中其组分容易起爆、迅速爆燃或在封闭条件下加热时显示剧烈效应，应视为具有爆炸性质。

自反应物质标签要素的分配见表 2-8。

表 2-8 自反应物质标签要素的分配

A 型	B 型	C 型和 D 型	E 型和 F 型	G 型
危险 加热可能爆炸	危险 加热可能起火或爆炸	危险 加热可能起火	警告 加热可能起火	本危险类别没有分配标签要素

9. 自燃液体

自燃液体是即使数量小也能在与空气接触后 5 min 之内引燃的液体。自燃液体标签要素的分配见表 2-9。

表 2-9　自燃液体标签要素的分配

类别 1
 危险 暴露在空气中自燃

10. 自燃固体

自燃固体是即使数量小也能在与空气接触后 5 min 之内引燃的固体。自燃固体标签要素的分配见表 2-10。

表 2-10　自燃固体标签要素的分配

类别 1
 危险 暴露在空气中自燃

11. 自热物质和混合物

自热物质是除自燃液体或自燃固体外，与空气反应不需要能源供应就能够自热的固体或液体物质或混合物；此物质或混合物与自燃液体或自燃固体不同之处在于仅在大量（公斤级）并经过长时间（数小时或数天）才会发生自燃。

物质或混合物的自热是一个过程，其中物质或混合物与（空气中的氧气）氧气逐渐发生反应，产生热量。如果热产生的速度超过热损耗的速度，该物质或混合物的温度便会上升。经过一段时间，可能导致自发点火和燃烧。

自热物质和混合物标签要素的分配见表 2-11。

表 2-11 自热物质和混合物标签要素的分配

类别 1	类别 2
危险 自热；可能燃烧	警告 数量大时自热；可能燃烧

12. 遇水放出易燃气体的物质和混合物

遇水放出易燃气体的物质和混合物是通过与水作用，容易具有自燃性或放出危险数量的易燃气体的固态或液态物质和混合物。遇水放出易燃气体的物质和混合物标签要素的分配见表 2-12。

表 2-12 遇水放出易燃气体的物质和混合物标签要素的分配

类别 1	类别 2	类别 3
危险 遇水放出可自燃的 易燃气体	危险 遇水放出 易燃气体	警告 遇水放出 易燃气体

13. 氧化性液体

氧化性液体是本身未必可燃，但通常因放出氧气可能引起或促使其他物质燃烧的液体。氧化性液体标签要素的分配见表 2-13。

表 2-13 氧化性液体标签要素的分配

类别 1	类别 2	类别 3
危险 可引起燃烧或 爆炸；强氧化剂	危险 可加剧燃烧； 氧化剂	警告 可加剧燃烧； 氧化剂

14. 氧化性固体

氧化性固体是本身未必可燃，但通常因放出氧气可能引起或促使其他物质燃烧的固体。氧化性固体标签要素的分配见表 2-14。

表 2-14　氧化性固体标签要素的分配

类别 1	类别 2	类别 3
危险 可引起燃烧或爆炸； 强氧化剂	危险 可加剧燃烧； 氧化剂	警告 可加剧燃烧； 氧化剂

15. 有机过氧化物

有机过氧化物是含有二价—O—O—结构和可视为过氧化氢的一个或两个氢原子已被有机基团取代的衍生物的液态或固态有机物。本术语还包括有机过氧化物配制物（混合物）。有机过氧化物是可发生放热自加速分解、热不稳定的物质或混合物。此外，它们可具有一种或多种下列性质：

（1）易于爆炸分解；

（2）迅速燃烧；

（3）对撞击或摩擦敏感；

（4）与其他物质发生危险反应。

如果其配制品在实验室试验中容易爆炸、迅速爆燃或在封闭条件下加热时显示剧烈效应，则认为有机过氧化物具有爆炸性质。

有机过氧化物标签要素的分配见表 2-15。

16. 金属腐蚀物

金属腐蚀物是通过化学作用会显著损伤或毁坏金属的物质或混合物。金属腐蚀物标签要素的分配见表 2-16。

表 2-15　有机过氧化物标签要素的分配

A 型	B 型	C 型和 D 型	E 型和 F 型	G 型
危险 加热可引起爆炸	危险 加热可引起燃烧或爆炸	危险 加热可引起燃烧	警告 加热可引起燃烧	本危险类别没有分配标签要素

表 2-16　金属腐蚀物标签要素的分配

类别 1
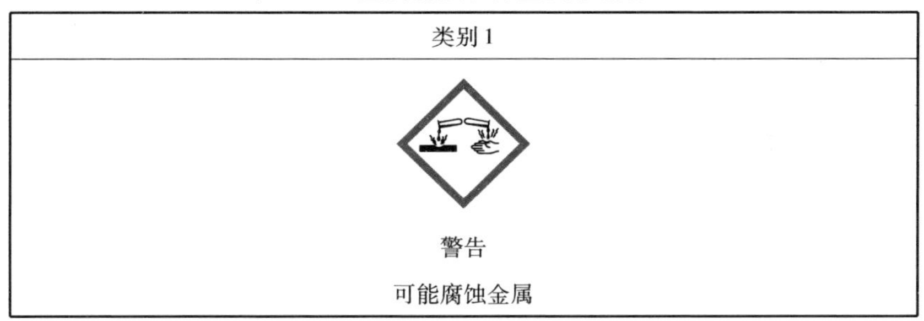 警告 可能腐蚀金属

二、健康危害

1. 急性毒性

急性毒性是经口或经皮肤给予物质的单次剂量或在 24 h 内给予的多次剂量，或者 4 h 的吸入接触发生的急性有害影响。急性毒性标签要素的分配分别见表 2-17、表 2-18、表 2-19。

2. 皮肤腐蚀/刺激

皮肤腐蚀是对皮肤能造成不可逆损害的结果，即施用试验物质 4 h 内，可观察到表皮和真皮坏死。典型的腐蚀反应具有溃疡、出血、血痂的特征，而且在 14 天观察期结束时，皮肤、完全脱发区域和结痂处由于漂白而褪色。应通过组织病理学检查来评估可疑的病变。

表 2-17　急性毒性标签要素的分配——口服

类别 1	类别 2	类别 3	类别 4	类别 5
				无象形图
危险 吞咽致命	危险 吞咽致命	危险 吞咽会中毒	警告 吞咽有害	警告 吞咽可能有害

表 2-18　急性毒性标签要素的分配——皮肤

类别 1	类别 2	类别 3	类别 4	类别 5
				无象形图
危险 皮肤接触会致命	危险 皮肤接触会致命	危险 皮肤接触会中毒	警告 皮肤接触有害	警告 皮肤接触可能有害

表 2-19　急性毒性标签要素的分配——吸入

类别 1	类别 2	类别 3	类别 4	类别 5
				无象形图
危险 吸入致命	危险 吸入致命	危险 吸入会中毒	警告 吸入有害	警告 吸入可能有害

皮肤刺激是施用试验物质达到 4 h 后对皮肤造成可逆损害的结果。

皮肤腐蚀/刺激标签要素的分配见表 2-20。

表 2-20 皮肤腐蚀/刺激标签要素的分配

类别 1A	类别 1B	类别 1C	类别 2	类别 3
				无图形符号
危险	危险	危险	警告	警告
造成严重皮肤灼伤和眼损伤	造成严重皮肤灼伤和眼损伤	造成严重皮肤灼伤和眼损伤	造成皮肤刺激	造成轻微皮肤刺激

3. 严重眼损伤/眼刺激

严重眼损伤是将受试物施用于眼睛前部表面进行暴露接触，引起了眼部组织损伤，或出现严重的视觉衰退，且在暴露后的 21 天内尚不能完全恢复。

眼刺激是将受试物施用于眼睛前部表面进行暴露接触后，眼睛发生的改变，且在暴露后的 21 天内出现的改变可完全消失，恢复正常。

严重眼损伤/眼刺激性标签要素的分配见表 2-21。

表 2-21 严重眼损伤/眼刺激性标签要素的分配

类别 1	类别 2A	类别 2B
		无象形图
危险	警告	警告
造成严重眼损伤	造成严重眼刺激	造成眼刺激

4. 呼吸道或皮肤致敏

呼吸道致敏物是吸入后会导致呼吸道过敏的物质。皮肤致敏物是皮肤接触后会导致过敏的物质。呼吸道或皮肤致敏类别要素的分配见表 2-22。

5. 生殖细胞致突变性

生殖细胞致突变性是化学品引起人类生殖细胞发生可遗传给后

代的突变。在将物质和混合物划归这一危害类别时，还要注意到体外致突变性/遗传毒性试验和哺乳动物体细胞体内致突变性和遗传毒性试验。生殖细胞致突变性标签要素的分配见表 2-23。

表 2-22　呼吸或皮肤过敏标签要素的分配

类别 1	类别 1
警告 可能导致 皮肤过敏反应	危险 吸入可能导致过敏 或哮喘症状或呼吸困难

表 2-23　生殖细胞致突变性标签要素的分配

类别 1A	类别 1B	类别 2
危险 可能造成遗传性缺陷（应说明接触途径，如果确证没有其他接触途径造成这一危害）	危险 可能造成遗传性缺陷（应说明接触途径，如果确证没有其他接触途径造成这一危害）	警告 怀疑可造成遗传性缺陷（应说明接触途径，如果确证没有其他接触途径造成这一危害）

6. 致癌性

致癌性是可导致癌症或增加癌症发病率的物质或混合物。在实施良好的动物实验性研究中诱发良性和恶性肿瘤的物质和混合物，也被认为是假定的或可疑的人类致癌物，除非有确凿证据显示肿瘤形成机制与人类无关。将物质或混合物按具有致癌危害分类，是根据物质本身的性质，并不提供使用该物质或混合物可能产生的人类致癌风险高低的信息。致癌性类别要素的分配见表 2-24。

表 2-24 致癌性标签要素的分配

类别 1A	类别 1B	类别 2
危险	危险	警告
可能致癌（如果最终证明没有其他接触途径会产生这一危险，则说明接触途径）	可能致癌（如果最终证明没有其他接触途径会产生这一危险，则说明接触途径）	怀疑致癌（如果最终证明没有其他接触途径会产生这一危险，则说明接触途径）

7. 生殖毒性

生殖毒性是对成年雄性或雌性的性功能和生育能力的有害影响，以及对子代的发育毒性。在此分类系统中，生殖毒性被细分为两个主要方面：对性功能和生育能力的有害影响以及对子代发育的有害影响。

（1）对性功能和生育能力的有害影响。化学品干扰性功能和生育能力的任何效应，包括（但不限于）对于雌性和雄性生殖系统的改变，对青春期的开始、生殖细胞产生和输送、生殖周期正常状态、性行为、生育能力、分娩、怀孕结果的有害影响，生殖能力的早衰或与生殖系统完整性有关的其他功能的改变。

（2）对子代发育的有害影响。从最广泛的意义上来说，发育毒性包括在出生前或出生后干扰胎儿正常发育的任何影响，这种影响的产生是由于受孕前父母一方的接触，或者正在发育之中的后代在出生前或出生后至性成熟之前这一期间的接触。

生殖毒性类别要素的分配见表 2-25。

8. 特异性靶器官毒性 – 一次接触

特异性靶器官毒性 – 一次接触是一次接触物质和混合物引起的特异性、非致死性的靶器官毒性作用，包括所有明显的健康效应，可逆的和不可逆的、即时的和迟发的功能损害。特异性靶器官毒性 – 一次接触标签要素的分配见表 2-26。

表 2-25　生殖毒性标签要素的分配

类别 1A	类别 1B	类别 2	附加类别
			无象形图
危险	危险	警告	无信号词
可能对生育能力或胎儿造成伤害（如果已知，说明具体影响；应说明接触途径，如果确证没有其他接触途径造成这一危害）	可能对生育能力或胎儿造成伤害（如果已知，说明具体影响；应说明接触途径，如果确证没有其他接触途径造成这一危害）	怀疑对生育能力或胎儿造成伤害（如果已知，说明具体影响；应说明接触途径，如果确证没有其他接触途径造成这一危害）	可能对母乳喂养的儿童造成伤害

表 2-26　特异性靶器官毒性－一次接触标签要素的分配

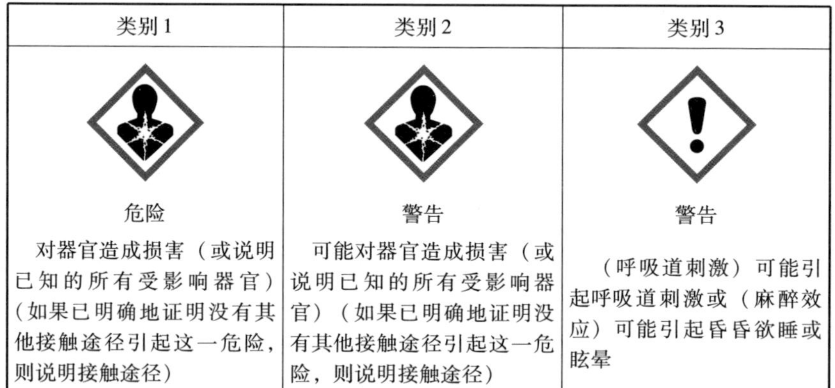

类别 1	类别 2	类别 3
危险	警告	警告
对器官造成损害（或说明已知的所有受影响器官）（如果已明确地证明没有其他接触途径引起这一危险，则说明接触途径）	可能对器官造成损害（或说明已知的所有受影响器官）（如果已明确地证明没有其他接触途径引起这一危险，则说明接触途径）	（呼吸道刺激）可能引起呼吸道刺激或（麻醉效应）可能引起昏昏欲睡或眩晕

9. 特异性靶器官毒性－反复接触

特异性靶器官毒性－反复接触是反复接触物质和混合物引起的特异性、非致死性的靶器官毒性作用，包括所有明显的健康效应，可逆的和不可逆的、即时的和迟发的功能损害。特异性靶器官毒性－反复接触标签要素的分配见表 2-27。

10. 吸入危害

吸入特指液态或固态化学品通过口腔或鼻腔直接进入或者因呕吐间接进入气管和下呼吸系统。有吸入危害的化学品类别分为两类，类别 1 是已知引起人类吸入毒性危险的化学品或者被看作会引起人类吸入毒性危险的化学品。类别 2 是因假定它们会引起人类吸入毒性危险而令人担心的化学品。吸入危害标签要素的分配表见表 2-28。

表 2-27 特异性靶器官毒性－反复接触标签要素的分配

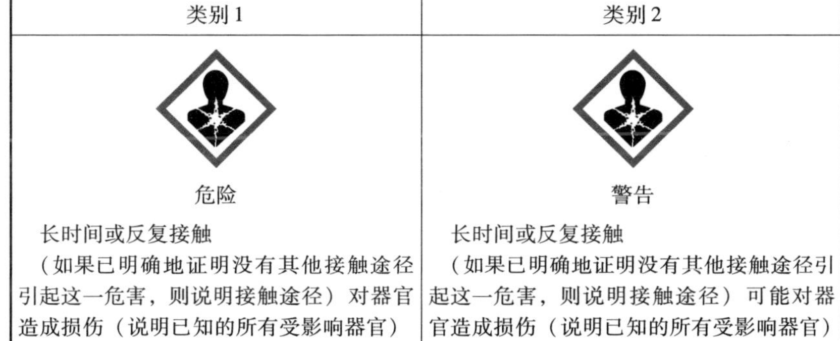

类别 1	类别 2
危险 长时间或反复接触 （如果已明确地证明没有其他接触途径引起这一危害，则说明接触途径）对器官造成损伤（说明已知的所有受影响器官）	警告 长时间或反复接触 （如果已明确地证明没有其他接触途径引起这一危害，则说明接触途径）可能对器官造成损伤（说明已知的所有受影响器官）

表 2-28 吸入危害标签要素的分配

类别 1	类别 2
危险 吞咽及进入呼吸道 可能致命	警告 吞咽及进入呼吸道 可能有害

三、环境危害

1. 对水生环境的危害

（1）急性水生毒性是可对在水中短时间接触该物质的生物体造成伤害，是物质本身的性质。

（2）慢性水生毒性是可对在水中接触该物质的生物体造成有害影响，接触时间根据生物体的生命周期确定，是物质本身的性质。

危害水生环境——急性危险和危害水生环境——长期危险标签要素的分配分别见表 2-29 和表 2-30。

表 2-29 危害水生环境——急性危险标签要素的分配

类别 1	类别 2	类别 3
	无象形图	无象形图
警告	无信号词	无信号词
对水生生物毒性极大	对水生生物有毒	对水生生物有害

表 2-30 危害水生环境——长期危险标签要素的分配

类别 1	类别 2	类别 3	类别 4
		无象形图	无象形图
警告	无信号词	无信号词	无信号词
对水生生物毒性极大并具有长期持续影响	对水生生物有毒并具有长期持续影响	对水生生物有害并具有长期持续影响	可能对水生生物造成长期持续有害影响

2. 对臭氧层的危害

臭氧消耗潜能值是某种化合物的差量排放相对于同等质量的三氯氟甲烷而言，对整个臭氧层的综合扰动的比值。对于危害臭氧层的标签，危险类别都以指定的象形图、信号词和危险说明的顺序列出。危害臭氧层标签要素的分配见表 2-31。

表 2-31 危害臭氧层标签要素的分配

类别 1
警告
破坏高层大气中的臭氧，危害公共健康和环境

复习思考题

1. 危险化学品的理化危险分类有哪些？
2. 危险化学品的健康危害分类有哪些？

第三节 危险化学品的安全标签和安全技术说明书

《危险化学品安全管理条例》第十五条规定，危险化学品生产企业应当提供与其生产的危险化学品相符的化学品安全技术说明书，并在危险化学品包装（包括外包装件）上粘贴或者拴挂与包装内危险化学品相符的化学品安全标签。化学品安全技术说明书和化学品安全标签所载明的内容应当符合国家标准的要求。

一、化学品安全标签

1. 化学品安全标签的定义

化学品安全标签是用于标示化学品所具有的危险性和安全注意事项的一组文字、象形图和编码组合，它可粘贴、拴挂或喷印在化学品的外包装或容器上。图 2-1 所示是化学品安全标签的样例。图 2-2 所示是化学品安全标签的简化样例。

2. 化学品安全标签的内容

（1）化学品标识。用中文和英文分别标明化学品的通用名称。名称要求醒目清晰，位于标签的正上方，名称应与化学品安全技术说明书中的名称一致。

对混合物应标出对其危险性分类有贡献的主要组分的化学名称或通用名、浓度或浓度范围。

（2）象形图。采用国家标准《化学品分类和标签规范》（GB 3000. 2—2013 ~ GB 3000. 29—2013）规定的象形图。

（3）信号词。根据化学品的危险程度和类别，用“危险”“警告”两个词分别进行危害程度的警示。信号词位于化学品名称的下方，要求醒目、清晰。根据国家标准《化学品分类和标签规范》

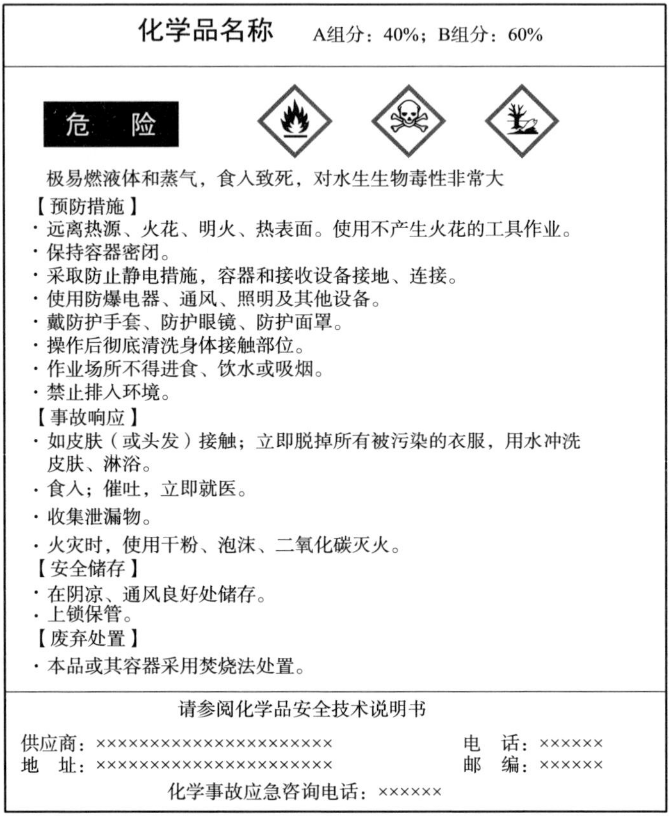

化学品名称 A组分：40%；B组分：60%

危 险   

极易燃液体和蒸气，食入致死，对水生生物毒性非常大

【预防措施】

- 远离热源、火花、明火、热表面。使用不产生火花的工具作业。
- 保持容器密闭。
- 采取防止静电措施，容器和接收设备接地、连接。
- 使用防爆电器、通风、照明及其他设备。
- 戴防护手套、防护眼镜、防护面罩。
- 操作后彻底清洗身体接触部位。
- 作业场所不得进食、饮水或吸烟。
- 禁止排入环境。

【事故响应】

- 如皮肤（或头发）接触；立即脱掉所有被污染的衣服，用水冲洗皮肤、淋浴。
- 食入；催吐，立即就医。
- 收集泄漏物。
- 火灾时，使用干粉、泡沫、二氧化碳灭火。

【安全储存】

- 在阴凉、通风良好处储存。
- 上锁保管。

【废弃处置】

- 本品或其容器采用焚烧法处置。

请参阅化学品安全技术说明书

供应商：×××××××××××××××××××××× 电 话：××××××

地 址：×××××××××××××××××××××× 邮 编：××××××

化学事故应急咨询电话：××××××

图 2-1 化学品安全标签的样例

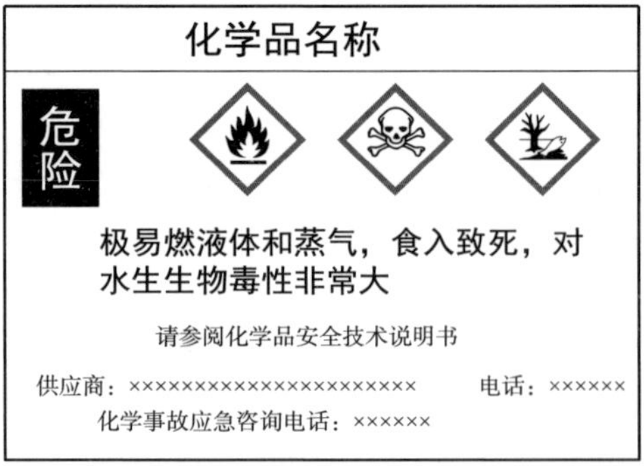

化学品名称

危险   

极易燃液体和蒸气，食入致死，对水生生物毒性非常大

请参阅化学品安全技术说明书

供应商：×××××××××××××××××××××× 电话：××××××

化学事故应急咨询电话：××××××

图 2-2 化学品安全标签的简化样例

（GB 3000. 2—2013 ~ GB 3000. 29—2013），选择不同类别危险化学品的信号词。

（4）危险性说明。简要概述化学品的危险特性。居于信号词下方。根据国家标准《化学品分类和标签规范》（GB 3000. 2—2013 ~ GB 3000. 29—2013），选择不同类别危险化学品的危险性说明。

（5）防范说明。表述化学品在处置、搬运、储存和使用作业中所必须注意的事项和发生意外时简单有效的救护措施等，要求内容简明扼要、重点突出。该部分应包括安全预防措施、意外情况（如泄漏、人员接触或火灾等）的处理、安全储存措施及废弃处置等内容。

（6）供应商标识。供应商名称、地址、邮编和电话等。

（7）应急咨询电话。填写化学品生产商或生产商委托的 24 h 化学事故应急咨询电话。

国外进口化学品安全标签上应至少有一家中国境内的 24 h 化学事故应急咨询电话。

（8）资料参阅提示语。提示化学品用户应参阅化学品安全技术说明书。

（9）危险信息先后排序。当某种化学品具有两种及以上的危险性时，安全标签的象形图、信号词、危险性说明的先后顺序有相应规定。

3. 标签使用注意事项

（1）安全标签的粘贴、拴挂或喷印应牢固，保证在运输、储存期间不脱落、不损坏。

（2）安全标签应由生产企业在货物出厂前粘贴、拴挂或喷印。若要改换包装，则由改换包装单位重新粘贴、拴挂、喷印标签。

（3）盛装危险化学品的容器或包装，在经过处理并确认其危险完全消除之后，方可撕下标签，否则不能撕下相应的标签。

二、化学品安全技术说明书

1. 化学品安全技术说明书的定义

化学品安全技术说明书是一份关于危险化学品燃爆、毒性和环境危害及安全使用、泄漏应急处理、主要理化参数、法律法规等方面信息的综合性文件。

化学品安全技术说明书在国际上称为化学品安全信息卡，简称MSDS 或 CSDS。

2. 化学品安全技术说明书的主要作用

（1）它是化学品安全生产、安全流通、安全使用的指导性文件。

（2）它是应急作业人员进行应急作业时的技术指南。

（3）可为制定危险化学品安全操作规程提供技术信息。

（4）它是企业进行安全教育的重要内容。

3. 化学品安全技术说明书的内容

化学品安全技术说明书包括以下十六部分的内容。

（1）化学品及企业标识。化学品标识要标明化学品的中文和英文名称，中英文名称应与标签上的名称一致。化学品属于物质的可填写其化学名称或常用名（俗名）；属于混合物的可填写其商品名称或混合物名称；属于农药的应填写其通用名称。建议同时标注供应商为该化学品编写的产品代码。企业标识应详细标明供应商的名称、地址、电话号码和电子邮件地址等信息，还应提供供应商的 24 h 化学事故应急咨询电话或供应商签约委托机构的 24 h 化学事故应急咨询电话。应说明化学品的推荐用途和限制用途。

（2）危险性概述。应标明紧急情况概述、危险性类别、标签要素、物理和化学危险、健康危害、环境危害和其他危害。紧急情况概述描述在事故状态下化学品可能立即引发的严重危害，以及可能具有严重后果需要紧急识别的危害，为化学事故现场救援人员处置时提供参考。应根据危险性分类结果，标明化学品的物理、健康和环境危害的危险性种类和类别。标签要素的内容应与化学品安全标签上的要素内容一致。

（3）成分/组成信息。应注明该化学品是物质还是混合物。如果是物质，应注明物质的名称，提供物质的美国化学文摘登记号（CAS 号）及其他标识符。应列明包括对该物质的危险性分类产生影响的杂质和稳定剂在内的所有危险组分的名称，以及浓度或浓度范围。如果是混合物，不必列明所有组分。如果按《全球化学品统一分类和标签制度》（GHS）标准被分类为危险的组分，且其含量等于或大于浓度限值，应列出其名称、浓度或浓度范围。按照递减顺序标注组分的质量分数或体积分数或浓度范围。

（4）急救措施。应根据化学品的不同接触途径，按照吸入、皮肤接触、眼睛接触和食入的顺序，分别描述相应的急救措施。如果存在除中毒、化学灼伤外必须处置的其他损伤（例如低温液体引起的冻伤，固体熔融引起的烧伤等），也应说明相应的急救措施。应简要说明接触化学品后可能出现的的急性和迟发效应，应描述最重要的症状和健康影响。必要时，应就施救人员的自我保护提出建议。

（5）消防措施。包含灭火剂、特别危险性、灭火注意事项及防护措施。应说明适用灭火剂和不适用灭火剂。应提供在火场中化学品可能引起的特别危害方面的信息，如化学品燃烧可能产生的有毒有害燃烧产物。标明灭火过程中采取的保护行动、消防人员应穿戴的个体防护装备。

（6）泄漏应急处理。包含人员防护措施、防护装备和应急处置程序，环境保护措施，泄漏化学品的收容、清除方法及所使用的处置材料，防止发生次生灾害的预防措施。

（7）操作处置与储存。操作处置内容包括就化学品安全处置注意事项和措施提出建议以及一般卫生要求建议。储存内容包含安全储存的条件（填写该化学品适合的和应避免的储存条件）和包装材料（填写适合与不适合该化学品的包装材料）。

（8）接触控制和个体防护。列出物质或混合物的职业接触限值容、生物限值、监测方法、工程控制和个体防护装备。如有可能，提供职业接触限值和生物限值的检测方法，以及监测方法的来源。根据化学品的危险特性和接触的可能性，提出推荐使用的个体防护装备。

（9）理化特性。对于混合物，在不能获取整体理化特性信息的情况下，应填写混合物中对其危险性有贡献组分的理化特性。应明确注明相关组分的名称，并与第3部分成分/组成信息填写的名称一致。填写的各项理化特性应与化学品安全技术说明书其他相关部分核对，以确保在内容上相互对应。如果具体特性不适用或无资料，仍应将其列入化学品安全技术说明书，并注明“不适用”或“无资料”。

（10）稳定性和反应性。稳定性应描述在正常环境下和预计的储存和处置温度和压力条件下，物质或混合物是否稳定。说明为保持物质或混合物的化学稳定性可能需要使用的任何稳定剂，说明物质或混合物的外观变化有何安全意义。危险反应是说明物质或混合物能否发生伴有诸如压力升高、温度升高、危险副产物形成等现象的危险反应。危险反应包括（但不限于）聚合、分解、缩合、与水反应和自反应等。应注明发生危险反应的条件。列出可能导致危险反应的条件，如热、压力、撞击、静电、震动、光照等。列出物质和混合物的禁配物。列出已知和可合理预计会因使用、储存、泄漏或受热产生危险分解产物。有害燃烧产物应包括在第5部分消防措施中，不必在此项中列出。

（11）毒理学信息。本部分所提供的信息应能用来评估物质、混合物的健康危害和进行危险性分类，包括人类健康危害资料、动物试验资料、体外试验资料、结构－活性关系（SAR）。为第2部分危险性概述中的健康危害分类提供支持性毒理学信息。应按照不同的接触途径（如吸入、皮肤接触、眼睛接触、食入）提供有关接触物质或混合物后引起毒性作用（健康影响）方面的信息。与物质或混合物的健康危害的危险性分类相对应，分别描述一次性接触、反复接触和连续接触所产生的毒性作用（健康影响）。潜在的有害效应，应包括毒性试验值（急性毒性估计值等），毒性试验观察到的症状，以及其他毒理学特性。提供能够引起有害健康影响的接触剂量、浓度或条件方面的信息。如果有关试验或调查研究的资料为阴性结果，也应填写。在不能获得特定物质或混合物危险性数据的情况下，可酌情使用类似物质或混合物的相关数据，应清楚说明。不宜采用无数据支持的“有毒”或“如使用得当无危险”等一般性用语，易引起误解。如果没有获得健康影响方面的信息，应做出明确说明。对于其他健康危害，即使 GHS 未作分类要求，也应在本部分提供相关信息。

（12）生态学信息。应为第 2 部分危险概述中的环境危害分类提供支持性信息。对于试验资料，应清除说明试验数据、物种、媒介、单位、试验方法、试验间期和试验条件等。提供生态毒性、持久性和降解性、潜在的生物累积性、土壤中的迁移性和其他环境有害作用等几方面的摘要信息。

（13）废弃处置。该部分应具体说明处置化学品及容器的方法、影响废弃处置方案选择的废弃化学品的物理化学特性、应明确说明不得采用排放到下水道的方式处置废弃化学品、焚烧或填埋废弃化学品时应采取的任何特殊防范措施和提请下游用户注意国家和地方有关废弃化学品的处置法规。

（14）运输信息。提供物质或混合物国际运输法规规定的编号与分类信息，根据需要，可区分陆运、内陆水运、海运、空运填写信息。

（15）法规信息。应标明国家管理该化学品的法律（或法规）的名称，提供基于这些法律（或法规）管制该化学品的法规、规章或标准等方面的信息。如果化学品已列入有关化学品国际公约的管制名单，应在本部分中说明。提醒下游用户注意遵守有关该化学品的地方管理规定。

（16）其他信息。应提供 SDS 其他部分未包括的，对于下游用户安全使用化学品有重要意义的其他任何信息。如培训建议、参考文献、免责声明等。

4. 使用要求

（1）化学品安全技术说明书由化学品的生产供应企业编印，在交付商品时提供给用户，作为用户的一种服务，随商品在市场上流通。

（2）危险化学品的用户在接收使用化学品时，要认真阅读化学品安全技术说明书，了解和掌握其危险性。

（3）根据危险化学品的危险性，结合使用情形，制定安全操作规程，培训作业人员。

（4）按照化学品安全技术说明书制定安全防护措施。

（5）按照化学品安全技术说明书制定急救措施。

（6）每五年要更新一次化学品安全技术说明书的内容。

复习思考题

1. 简述安全标签的主要内容。
2. 安全标签的信号词有哪些？
3. 简述安全技术说明书的主要内容。
4. 简述安全技术说明书的使用要求。

第四节　危险化学品生产、使用中的危险性

一、生产火灾危险性分类

国家标准《建筑设计防火规范（2018 年版）》（GB 50016—2014）要求，生产的火灾危险性应根据生产中使用或产生的物质性质及其数量等因素划分，可分为甲、乙、丙、丁、戊类。生产的火灾危险性分类见表 2-32。

表 2-32　生产的火灾危险性分类

生产的火灾危险性类别	使用或产生下列物质生产的火灾危险性特征
甲	1. 闪点低于 28 ℃的液体； 2. 爆炸下限小于 10% 的气体； 3. 常温下能自行分解或在空气中氧化能导致迅速自燃或爆炸的物质； 4. 常温下受到水或空气中水蒸气的作用，能产生可燃气体并引起燃烧或爆炸的物质； 5. 遇酸、受热、撞击、摩擦、催化以及遇有机物或硫黄等易燃的无机物，极易引起燃烧或爆炸的强氧化剂； 6. 受撞击、摩擦或与氧化剂、有机物接触时能引起燃烧或爆炸的物质； 7. 在密闭设备内操作温度不小于物质本身自燃点的生产

续表

生产的火灾危险性类别	使用或产生下列物质生产的火灾危险性特征
乙	1. 闪点不小于 28 ℃，但低于 60 ℃的液体； 2. 爆炸下限不小于 10% 的气体； 3. 不属于甲类的氧化剂； 4. 不属于甲类的易燃固体； 5. 助燃气体； 6. 能与空气形成爆炸性混合物的浮游状态的粉尘、纤维、闪点不低于 60 ℃的液体雾滴
丙	1. 闪点不低于 60 ℃的液体； 2. 可燃气体
丁	1. 对于不燃烧物质进行加工，并在高温或熔化状态下经常产生强辐射热、火花或火焰的生产； 2. 利用气体、液体、固体作为燃料或将气体、液体进行燃烧作其他用的各种生产； 3. 常温下使用或加工难燃烧物质的生产
戊	常温下使用或加工不燃烧物质的生产

二、典型化学反应的危险性分析

1. 氧化反应

（1）氧化反应的危险性分析。

1）氧化反应初期需要加热，但反应过程又会放热，这些反应热如不及时移去，将会使温度迅速升高甚至发生爆炸。特别是在 250～600 ℃高温下进行的气相催化氧化反应及部分强放热的氧化反应，更需特别注意其温度控制，否则会因温度失控造成火灾爆炸危险。

2）有的氧化反应过程，如氨、乙烯和甲醇蒸气在空气中的氧化，其物料配比接近爆炸下限，倘若配比失调，温度控制不当，极易爆炸起火。

3）被氧化的物质大部分是易燃易爆物质，如氧化制取环氧乙烷的乙烯、氧化制取苯甲酸的甲苯、氧化制取甲醛的甲醇等。

4）氧化剂具有很大的火灾危险性。如氯酸钾、高锰酸钾、铬酸酐等，如遇点火源及与有机物、酸类接触，皆能引起着火爆炸。有机过氧化物具有更大的危险，不仅具有很强的氧化性而且大部分是易燃物质，有的对温度特别敏感，遇高温则爆炸。

5）部分氧化产品也具有火灾危险性。如环氧乙烷是可燃气体、含 36.7% 的甲醛水溶液是易燃液体等。此外，氧化过程还可能生成危险性较大的过氧化物，如乙醛氧化生产醋酸的过程中有过氧乙酸生成，过氧乙酸是有机过氧化物，性质极不稳定，受高温、摩擦或撞击便会分解或燃烧。

（2）氧化反应的安全技术要点。

1）必须保证反应设备的良好传热能力。可以采用夹套、蛇管冷却，以及外循环冷却等方式。同时需采取措施避免冷却系统发生故障，如在系统中设计备用泵和双路供电等，必要时应有备用冷却系统。为了加速热量传递，要保证搅拌器安全可靠运行。

2）反应设备应有必要的安全防护装置。设置安全阀等紧急泄压装置，超温、超压、含氧量高限报警装置和安全联锁及自动控制等。为了防止氧化反应器在发生爆炸或着火时危及人身和系统安全，进出设备的物料管道上应设阻火器、水封等防火装置，以阻止火焰蔓延，防止回火。在设备系统中宜设置氮气、水蒸气灭火装置，以便能及时扑灭火灾。

3）氧化过程中如以空气或氧气作氧化剂时，反应物料的配比应严格控制在爆炸范围之外。空气进入反应器之前应经过气体净化装置，消除空气中的灰尘、水汽、油污及可使催化剂活性降低或中毒的杂质，以保持催化剂的活性，减小着火和爆炸的危险。

4）使用硝酸、高锰酸钾等氧化剂时，要严格控制加料速度、加料顺序，杜绝加料过量、加料错误。固体氧化剂应粉碎后使用，最好呈溶液状态使用。反应中要不间断搅拌。严格控制反应温度，绝不许超过被氧化物质的自燃点。

5）使用氧化剂氧化无机物时，如使用氯酸钾氧化生成铁蓝颜料，应控制产品烘干温度不超过其燃点。在烘干之前应用清水洗涤产品，将氧化剂彻底清洗干净，以防止未完全反应的氯酸钾引起已烘干的物料起火。有些有机化合物的氧化，特别是在高温下的氧化，在设备及管道内可能产生焦状物，应及时清除，以防止局部过热或自燃。

6）氧化反应使用的原料及产品，应按有关危险品的管理规定采取相应的防火措施，如隔离存放、远离火源、避免高温和日晒、防止摩擦和撞击等。如果是电介质的易燃液体或气体，应安装除静电的接地装置。

2. 还原反应

（1）还原反应的危险性分析。

1）还原过程如有氢气存在，氢气的爆炸极限为4.1%～75%（体积分数），特别是催化加氢还原，大都在加热、加压条件下进行，如果操作失误或因设备缺陷有氢气泄漏，极易与空气形成爆炸性混合物，如遇点火源就会爆炸。高温高压下氢对金属有渗透作用，易造成腐蚀。

2）还原反应中所使用的催化剂——雷氏镍吸潮后在空气中有自燃危险，即使没有点火源存在也能使氢气和空气的混合物着火爆炸。

3）固体还原剂保险粉、硼氢化钾（钠）、氢化铝锂等都是遇湿易燃危险品。其中保险粉遇水发热在潮湿空气中能分解析出硫，硫蒸气受热具有自燃的危险。同时，保险粉自身受热到190 ℃也有分解爆炸的危险。硼氢化钾（钠）在潮湿空气中能自燃，遇水或酸分解放出大量氢气，同时产生高热，可使氢气着火而引起爆炸事故。以上还原剂如遇氧化剂会猛烈反应产生大量热量，也有发生燃烧爆炸的危险。

4）还原反应的中间体，特别是硝基化合物还原反应的中间体，也有一定的火灾危险。如生产苯胺时，如果反应条件控制不好，可生成燃烧危险性很大的环己胺。

（2）还原反应的安全技术要点。

1）由于有氢的存在，必须遵守国家爆炸危险场所安全规定。车间内的电气设备必须符合防爆要求，且不能在车间顶部敷设电线及安装电线接线。厂房通风要好，采用轻质屋顶、设置天窗或风帽，防止氢气的积聚。加压反应的设备要配备安全阀，反应中产生压力的设备要装设爆破片。最好安装氢气浓度检测和报警装置。

2）可能造成氢腐蚀的场合，设备、管道的选材要符合要求并应定期检测。

3）当用雷氏镍来活化氢气进行还原反应时，必须先用氮气置换反应器内的全部空气，并经过测定证实器内含氧量降到标准要求才可通入氢气。反应结束后应先用氮气把反应器内的氢气置换干净才可打开孔盖出料，以免外界空气与反应器内氢气相遇，在雷氏镍自燃的情况下发生着火爆炸。雷氏镍应当储存于酒精中，回收钯碳时应用酒精及清水充分洗涤，抽真空过滤时不能抽得太干以免氧化着火。

4）使用还原剂时应注意相应的安全问题。当保险粉用于溶解使用时，要严格控制温度。可以在开动搅拌的情况下将保险粉分批加入水中，待溶解后再与有机物接触反应。应妥善储存保险粉防止受潮。当使用硼氢化钾（钠）作还原剂，在工艺过程中调节酸、碱度时要特别注意，防止加酸过快、过多。硼氢化钾（钠）应储存于密闭容器中置于干燥处，防水防潮并远离火源。在使用氢化铝锂作还原剂时，要特别注意必须在氮气保护下使用，氢化铝锂遇空气和水都能燃烧，平时应浸没于煤油中储存。

5）操作中必须严格控制温度、压力、流量等反应条件及反应参数，避免生成爆炸危险性很大的中间体。

6）尽量采用危险性小、还原效率高的新型还原剂代替火灾危险性大的还原剂。如用硫化钠代替铁粉进行还原可以避免氢气产生，同时还可消除铁泥堆积的问题。

3. 硝化反应

（1）硝化反应的危险性分析。

1）硝化反应是一种放热反应，所以硝化反应需要在降温条件下进行。在硝化反应中，倘若稍有疏忽，如中途搅拌停止、冷却水供应不良、加料速度过快等，都会使温度猛增、混酸氧化能力增强，并有多硝基物生成，容易引起着火和爆炸事故。

2）常用硝化剂都具有较强的氧化性、吸水性和腐蚀性，与油脂、有机物，特别是不饱和的有机化合物接触即能引起燃烧。在制备硝化剂时，若温度过高或落入少量水，就会促使硝酸大量分解和蒸发，不仅会导致设备的强烈腐蚀，还可造成爆炸事故。

3）被硝化的物质大多易燃，如苯、甲苯、甘油、氯苯等，不仅易燃，有的还兼有毒性，如使用或储存管理不当，容易造成火灾及中毒事故。

4）硝化产物大都有着火爆炸的危险性。如TNT、硝化甘油、苦味酸等，当受热、摩擦、撞击或接触点火源时，极易发生爆炸或着火。

（2）硝化反应的安全技术要点。

1）硝化设备应确保严密、不泄漏，防止硝化物料溅到蒸汽管道等高温表面上而引起爆炸或燃烧，同时严防硝化器夹套焊缝因腐蚀使冷却水漏入硝化物中。如果管道堵塞可用蒸汽加温疏通，千万不能用金属棒敲打或明火加热。

2）车间厂房设计应符合《爆炸危险场所安全规定》。车间内的电气设备要防爆、通风良好，严禁带入火种。检修时尤其应注意防火安全。报废的管道不可随便拿用避免意外事故发生，必要时硝化反应器应采取隔离措施。

3）采用多段式硝化器可使硝化过程达到连续化，使每次投料少，以减少爆炸中毒的危险。

4）配制混酸时应先用水将浓硫酸稀释，稀释应在搅拌和冷却情况下将浓硫酸缓慢加入水中以免发生爆溅。浓硫酸稀释后，在不断搅拌和冷却条件下加浓硝酸。应严格控制温度及酸的配比，直至充分搅拌均匀为止。配制混酸时要严防因温度猛升而冲料或爆炸，更不能把未经稀释的浓硫酸与硝酸混合，以免引起突沸冲料或爆炸。

5）硝化过程中一定要避免有机物质的氧化。仔细配制反应混合物并除去其中易氧化的组分。硝化剂加料应采用双重阀门。控制好加料速度。反应中应连续搅拌，搅拌机应当有自动启动的备用电源，并备有保护性气体搅拌和人工搅拌的辅助设施，随时保证物料混合良好。

6）往硝化器中加入固体物质必须采用漏斗等设备使加料工作

机械化，从加料器上部的平台上使物料沿专用的管子加入硝化器中。

7）硝基化合物具有爆炸性，形成的中间产物（如二硝基苯酚盐，特别是铅盐）有巨大的爆炸威力。在蒸馏硝基化合物（如硝基甲苯）时，防止热残渣与空气混合发生爆炸。

8）避免油从填料函落入硝化器中引起爆炸，硝化器搅拌轴不可使用普通机油或甘油作润滑剂，以免被硝化形成爆炸性物质。

9）对于特别危险的硝化产物（如硝化甘油），则需将其放入装有大量水的事故处理槽中。在发生事故时，将物料放入硝化器附设的适当容积的紧急放料槽。

10）分析取样时应当防止未完全硝化的产物突然着火，防止烧伤事故。

4. 磺化反应

（1）磺化反应的危险性分析。

1）常用的磺化剂有浓硫酸、三氧化硫、氯磺酸等。特别是三氧化硫，一旦遇水将生成硫酸，同时会放出大量的热，反应温度升高，造成沸溢，使磺化反应物起火或爆炸。同时，由于硫酸极强的腐蚀性，增加了对设备的腐蚀破坏作用。

2）磺化反应是强放热反应。若在反应过程中温度超高可导致燃烧反应，造成爆炸或起火事故。

3）苯、硝基苯、氯苯等可燃物与浓硫酸、三氧化硫、氯磺酸等强氧化剂进行的磺化反应非常危险，因其已经具备了可燃物与氧化剂作用发生放热反应的燃烧条件。对于这类磺化反应，操作稍有疏忽都可能造成反应温度升高，使磺化反应变为燃烧反应引起着火或爆炸事故。

（2）磺化反应的安全技术要点。

1）使用磺化剂必须严格防水防潮，严格防止接触各种易燃物，以免发生火灾爆炸。需经常检查设备管道以防止因腐蚀造成穿孔泄漏，引起火灾和腐蚀伤害事故。

2）保证磺化反应系统有良好的搅拌和有效的冷却装置，以及时移走反应热，避免温度失控。

3）严格控制原料纯度（主要是含水量）。投料操作时顺序不能颠倒、速度不能过快，以控制正常的反应速度和反应热，以免正常冷却失效。

4）反应结束注意放料安全，避免烫伤及腐蚀伤害。

5）磺化反应系统应设置安全防爆装置和紧急放料装置，一旦温度失控立即紧急放料，并进行紧急冷处理。

5. 烷基化反应

（1）烷基化反应的危险性分析。

1）被烷基化的物质及烷基化剂大都具有着火爆炸危险。如苯是中闪点易燃液体，闪点 -11 ℃，爆炸极限 1.5%～8.0%（体积分数）；苯胺是毒害品，闪点 70 ℃，爆炸极限 1.2%～11.0%（体积分数）；丙烯是易燃气体，爆炸极限 2.0%～11.0%（体积分数）；甲醇是中闪点易燃液体，闪点 11 ℃，爆炸极限 5.5%～44.0%（体积分数）。

2）烷基化过程所用的催化剂易燃。如三氯化铝是遇湿易燃物品，有强烈的腐蚀性，遇水（或水蒸气）会发热分解放出氯化氢气体，有时能引起爆炸，若接触可燃物则易着火。三氯化磷遇水（或乙醇）会剧烈分解，放出大量的热和氯化氢气体。氯化氢有极强的腐蚀性和刺激性，有毒，遇水及酸（硝酸、醋酸）发热、冒烟，有发生起火爆炸的危险。

3）烷基化的产品有一定的火灾危险性。

4）烷基化反应都在加热条件下进行。若反应速度控制不当可引起跑料，造成着火或爆炸事故。

（2）烷基化反应的安全技术要点。

1）车间厂房设计应符合《爆炸危险场所安全规定》。应严格控制各种点火源，车间内电气设备要防爆、通风良好。易燃易爆设备和部位应安装可燃气体监测报警仪以及设置完善的消防设施。

2）妥善保存烷基化催化剂，避免与水、水蒸气及乙醇等物质接触。

3）烷基化的产品存放时需注意防火安全。

4）烷基化反应操作时应注意控制反应速度。如保证原料、催化剂、烷基化剂等的正常加料顺序、加料速度，保证连续搅拌等，避免发生剧烈反应引起跑料，造成着火或爆炸事故。

6. 氯化反应

（1）氯化反应的危险性分析。

1）氯化反应的各种原料、中间产物及部分产品都具有不同程度的火灾危险性。

2）氯化剂具有极大的危险性。氯气为强氧化剂，能与可燃气体形成爆炸性气体混合物；能与可燃烃类、醇类、羧酸和氯代烃等形成二元混合物，极易发生爆炸。氯气与烯烃形成的混合物，在受热时可自燃；与二硫化碳混合，会出现自行突然加速现象而增加爆炸危险；与乙炔的反应极为剧烈；有氧气存在时，甚至在 -78 ℃的低温也可发生爆炸。三氯化磷、三氯氧磷等遇水会发生快速分解，导致冲料或爆炸。漂白粉、光气等均具有较大的火灾危险性。有些氯化剂还具有较强的腐蚀性进而损坏设备。

3）氯化反应是放热反应。有些反应温度高达 500 ℃，如温度失控可造成超压爆炸。某些氯化反应会自行加速，导致爆炸危险。在生产中如果出现投料配比差错或投料速度过快，极易导致火灾或爆炸性事故。

4）液氯汽化时会产生高热使液氯剧烈汽化，造成内压过高而爆炸。工艺、操作不当使反应物倒灌至液氯钢瓶，则可能与氯发生剧烈反应引起爆炸。

（2）氯化反应的安全技术要点。

1）车间厂房设计应符合《爆炸危险场所安全规定》。应严格控制各种点火源，车间内电气设备要防爆、通风良好。易燃易爆设备及各部位应安装可燃气体监测报警仪以及设置完善的消防设施。

2）最常用的氯化剂是氯气。在化工生产中氯气通常液化储存和运输，常用的容器有储罐、气瓶和槽车等。储罐中的液氯进入氯化器之前必须先进入蒸发器使其汽化。在一般情况下不能把储存氯气的气瓶或槽车当储罐使用，否则有可能使被氯化的有机物质倒流进气瓶或槽车引起爆炸。一般情况下，氯化器应装设氯气缓冲罐，以防止氯气断流或压力降低时形成倒流。氯气本身的毒性较大，需避免其泄漏。

3）液氯的蒸发汽化装置，一般采用气、水混合作为热源进行升温，加热温度一般不超过 50 ℃。

4）氯化反应是一个放热过程。氯化反应设备必须具备良好的冷却系统；必须严格控制投料配比、进料速度和反应温度等；必要时应设置自动比例调节装置和自动联锁控制装置。尤其在较高温度下进行氯化，反应更为剧烈。如在环氧氯丙烷生产中，丙烯预热至 300 ℃左右进行氯化，反应温度可升至 500 ℃，在这样的高温下，如果物料泄漏就会造成燃烧或引起爆炸；若反应速度控制不当正常冷却失效，温度剧烈升高也可引起事故。

5）反应过程中如存在遇水猛烈分解的物料，如三氯化磷、三氯氧磷等，不宜用水作为冷却介质。

6）氯化反应几乎都有氯化氢气体生成，因此所用设备必须防腐蚀。设备应保证严密不漏，且应通过增设吸收和冷却装置除去尾气中的氯化氢。

7. 电解反应

（1）食盐水电解的危险性分析。

1）氯气泄漏的中毒危险。

2）氢气泄漏及氯氢混合的爆炸危险。

3）杂质、反应产物的分解爆炸危险。

4）碱液灼伤及触电危险。

（2）食盐水电解的安全技术要点。

1）保证盐水质量。盐水中如含有铁杂质，能够产生第二阴极而放出氢气。盐水中带入铵盐，在适宜条件下且 pH 值小于 4.5 时，铵盐和氯作用可生成氯化铵，氯作用于浓氯化铵溶液还可生成黄色、油状的三氯化氮。三氯化氮是一种爆炸性物质，与许多有机物接触或加热至 90 ℃以上及被撞击，都会发生剧烈的分解爆炸。因此，盐水配制必须严格控制质量，尤其是铁、钙、镁和无机铵盐的含量。应尽可能采用盐水纯度自动分析装置，这样可以观察盐水成分的变化，随时调节碳酸钠、氢氧化钠、氯化钡和丙烯酸铵的用量。

2）盐水高度应适当。在操作中向电解槽的阳极室内添加盐水时，若盐水液面过低，氢气有可能通过阴极网渗入阳极室内与氯气混合；若电解槽盐水装得过满，在压力下盐水会上涨。因此，盐水添加不可过少或过多，应保持一定的安全高度。采用盐水供应器应间断供给盐水，以避免电流的损失，防止盐水导管被电流腐蚀。

3）阻止氢气与氯气混合。氢气是极易燃烧的气体，氯气是氧化性很强的有毒气体，一旦两种气体混合极易发生爆炸。当氯气中含氢量达到5%（体积分数）以上，则随时可能在光照或受热情况下发生爆炸。造成氯气和氢气混合的原因主要有：阳极室内盐水液面过低；电解槽氢气的出口堵塞，引起阴极室压力升高；电解槽的隔膜吸附质量差；石棉绒质量不好；在安装电解槽时破坏隔膜，造成隔膜局部脱落或者送电前注入的盐水量过大将隔膜冲坏等，这些都可能引起氯气中含氢量增高。此时应对电解槽进行全面检查，将单槽氯含氢浓度及总管氯含氢浓度控制在规定值内。

4）严格遵守电解设备的安装要求。由于电解过程中有氢气存在，故有着火爆炸的危险。所以电解槽应安装在自然通风良好的单层建筑物内，厂房应有足够的防爆泄压面积。

5）掌握正确的应急处理方法。在生产中当遇突然停电或其他原因突然停车时，高压阀不能立即关闭，以免电解槽中氯气倒流而发生爆炸。应在电解槽后安装放空管及时减压，并在高压阀门上安装单向阀，以有效地防止跑氯，避免污染环境和带来火灾危险。

8. 聚合反应

（1）聚合反应的危险性分析。

1）个体聚合是在没有其他介质的情况下，用浸于冷却剂中的管式聚合釜（或在聚合釜中设盘管、列管冷却）进行的一种聚合方法。如高压下乙烯的聚合、甲醛的聚合等。个体聚合的主要危险性是由于聚合热不易传导散出而导致危险。如在高压聚乙烯生产中，每聚合 1 kg 乙烯会放出 3. 8 MJ 的热量，倘若这些热能未能及时移去，则每聚合 1% 的乙烯即可使釜内温度升高 12 ~ 13 ℃，待升到一定温度时就会使乙烯分解强烈放热，有发生爆聚的危险。

2）溶液聚合是选择一种溶剂，使单体溶成均相体系，加入催化剂或引发剂后生成聚合物的一种聚合方法。溶液聚合只适于制造低分子量的聚合体，该聚合体的溶液可直接用作涂料。如氯乙烯在甲醇中聚合，乙酸乙烯酯在乙酸乙酯中聚合。溶液聚合一般在溶剂的回流温度下进行，可以有效地控制反应温度，同时可借助溶剂的蒸发来排散反应热。这种聚合方法的主要危险性是在聚合和分离过程中，易燃溶剂容易挥发和产生静电火花。

3）悬浮聚合是在机械搅拌下用分散剂（如磷酸镁、明胶）使不溶的液态单体和溶于单体中的引发剂分散在水中，悬浮成珠状物而进行聚合的反应，如苯乙烯、甲基丙烯酸甲酯、氯乙烯的聚合等。这种聚合方法若工艺条件控制不好极易发生溢料，可能导致未聚合的单体和引发剂遇到火源而引发着火和爆炸事故。

4）乳液聚合是在机械搅拌或超声波振动下，用乳化剂（如肥皂）使不溶于水的液态单体在水中被分散成乳液而进行聚合的反应，如丁二烯与苯乙烯的共聚，以及氯乙烯、氯丁二烯的聚合等。乳液聚合常用无机过氧化物（如过氧化氢）作引发剂，聚合速度较快。若过氧化物在水中的配比控制不好将导致反应速度过快，反应温度过高而发生冲料。同时，在聚合过程中有可燃气体产生。

5）缩合聚合是具有两个或两个以上官能团的单体化合成为聚合物，同时析出低分子副产物的聚合反应。如己二酸、苯二甲酸酐及甘油缩合聚合生产聚酯，精双酚A与碳酸二苯酯缩合聚合生成聚碳酸酯等。缩合聚合是吸热反应，但由于反应温度过高也会导致系统的压力增加甚至引起爆裂，泄漏出易燃易爆的单体。

6）聚合物的单体大多是易燃易爆物质，如乙烯、丙烯等。聚合反应又多在高压下进行，因此单体极易泄漏并引起火灾、爆炸。

7）聚合反应的引发剂为有机过氧化物，其化学性质活泼，对热、震动和摩擦极为敏感，易燃易爆易分解。

8）聚合反应多在高压下进行，多为放热反应，反应条件控制不当就会发生爆聚，使反应器压力骤增而发生爆炸。采用过氧化物作为引发剂时，如配料比控制不当就会产生爆聚；高压下乙烯聚合、丁二烯聚合及氯乙烯聚合具有极大的危险性。

9）聚合的反应热量如不能及时导出，如搅拌发生故障、停电、停水、聚合物粘壁而造成局部过热等，均可使反应器温度迅速上升导致爆炸事故。

（2）聚合反应的安全技术要点。

1）反应器的搅拌和温度应有控制和联锁装置。设置反应抑制剂添加系统，出现异常情况时能自动启动抑制剂添加系统。自动停车、高压系统应设爆破片、导爆管等，要有良好的除静电接地系统。

2）严格控制工艺条件。保证设备的正常运转，确保冷却效果、防止爆聚，冷却介质要充足，搅拌装置应可靠，还应采取避免粘壁的措施。

3）控制好过氧化物引发剂在水中的配比，避免冲料。

4）设置可燃气体检测报警仪，以便及时发现单体泄漏，采取对策。

5）特别重视所用溶剂的毒性及燃烧爆炸性。加强对引发剂的管理。电气设备采取防爆措施，消除各种火源，必要时对聚合装置采取隔离措施。

6）乙烯高压聚合反应。压力为100～300 MPa，温度为150～300 ℃，停留时间10 s至数分钟。作业时乙烯极不稳定，能分解成碳、甲烷、氢气等。乙烯高压聚合的防火安全措施有：添加反应抑制剂或加装安全阀来防止爆聚反应，采用防粘剂或在设计聚合管时设法在管内周期性地赋予流体脉冲，防止管路堵塞，设计严密的压力、温度自动控制联锁系统，利用单体或溶剂汽化回流及时清除反应热。

7）氯乙烯聚合反应所用的原料除氯乙烯单体外。还有分散剂（明胶、聚乙烯醇）和引发剂（过氧化二苯甲酰、偶氮二异庚腈、过氧化二碳酸等）。主要安全措施有：采取有效措施及时除去反应热。必须有可靠的搅拌装置。采用加水相阻聚剂或单体水相溶解抑制剂来减小聚合物的粘壁作用，减少人工清釜的次数，减小聚合岗位的毒物危害。聚合釜的温度采用自动控制。

8）丁二烯聚合反应的聚合过程中，接触和使用酒精、丁二烯、金属钠等危险物质，不能暴露在空气中，在蒸发器上应备有联锁开关。当输送物料的阀门关闭时（此时管道可能发生爆炸）。该联锁装置可将蒸气输入切断，为了控制猛烈反应，应有适当的冷却系统。冷却系统应保持密闭良好，并需严格控制反应温度，丁二烯聚合釜上应装安全阀，同时连接管安装爆破片，爆破片后再连接一个安全阀。聚合生产系统应配有纯度保持在99.5%（体积分数）以上的氮气保护系统，在危险可能发生时立即向设备充入氮气加以保护。

9. 催化反应

（1）催化反应的危险性分析。

1）在多相催化反应中，催化作用发生于两相界面及催化剂的表面上，这时温度、压力较难控制。若散热不良、温度控制不好等，很容易发生超温爆炸或着火事故。

2）在催化过程中，若选择催化剂不正确或加入不适量，易形成局部剧烈反应。

3）催化过程中有的产生硫化氢，有中毒和爆炸危险。有的催化过程产生氢气，着火爆炸的危险性更大。尤其在高压下，氢的腐蚀作用可使金属高压容器脆化，从而造成破坏性事故。有的产生氯化氢，氯化氢有腐蚀和中毒危险。

4）原料气中某种杂质含量增加，若能与催化剂发生反应，可能生成危害极大的爆炸危险物。如在乙烯催化氧化合成乙醛的反应中，由于催化剂体系中常含大量的亚铜盐，若原料气中含乙炔过高则乙炔会与亚铜盐反应生成乙炔铜。乙炔铜为红色沉淀，自燃点为260～270 ℃，是一种极敏感的爆炸物，干燥状态下极易爆炸，在空气作用下易氧化成暗黑色并易起火。

（2）常见催化反应的安全技术要点。

1）催化加氢反应一般是在高压下有固相催化剂存在的条件下进行的。这类过程的主要危险性有：由于原料及成品（氢气、氨、一氧化碳等）大都易燃、易爆、有毒。高压反应设备及管道易受到腐蚀，操作不当也会导致事故。因此，需特别注意防止压缩工段的氢气在高压下泄漏产生爆炸。为了防止因高压致使设备损坏，造成氢气泄漏达到爆炸浓度，应有充足的备用蒸气或惰性气体以便应急。室内通风应当良好，宜采用天窗排气。冷却机器和设备用水不得含有腐蚀性物质。在开车或检修设备、管线之前，必须用氮气进行吹扫，吹扫气体应当排至室外，以防止窒息或中毒。由于停电或无水而停车的系统应保持余压，以免空气进入系统。无论在什么情况下，对处于压力下的设备不得进行拆卸检修。

2）催化裂化在生产过程中主要由反应再生系统、分馏系统及吸收稳定系统三个系统组成，这三个系统是紧密相连、相互影响的整体。在反应器和再生器之间，催化剂悬浮在气流中，整个床层温度应保持均匀，避免局部过热造成事故。两器压差保持稳定是催化裂化反应中最主要的安全问题，两器压差一定不能超过规定的范围，目的就是要使两器之间的催化剂沿一定方向流动避免倒流，造成油气与空气混合发生爆炸。可降温循环用水应充足，应备有单独的供水系统。若系统压力上升较高，必要时可启动气压放空火炬，维持系统压力平衡。催化裂化装置关键设备应当备有两路以上的供电，当其中一路停电时，另一路能在几秒内自动合闸送电保持装置的正常运行。

3）催化重整所用的催化剂有钼铬铝催化剂、铂催化剂、镍催化剂等。在装卸催化剂时，要防破碎和污染。未再生的含碳催化剂卸出时，要预防自燃超温烧坏。加热炉是热的来源，在催化剂重整过程中，加热炉的安全和稳定性非常重要，应采用温度自动调节系统。催化重整装置中，对于重要工艺参数如温度、压力、流量、液位等均应采用安全报警，必要时采用联锁保护装置。

三、化学单元操作危险性分析

1. 物料输送

在化工生产过程中，经常需将各种原材料、中间体、产品及副产品和废弃物由前一道工序输往后一道工序或由一个车间输往另一个车间，或者输往储运地点，这些输送过程就是物料输送。

（1）固体块状物料和粉状物料输送。块状物料与粉状物料的输送，在实际生产中多采用带输送机、螺旋输送器、刮板输送机、链斗输送机、斗式提升机及气力输送（风送）等形式。

1）带输送机、刮板输送机、链斗输送机、螺旋输送器、斗式提升机，这类输送设备连续往返运转，可连续加料、连续卸载。存在的危险性主要有设备本身发生故障及由此造成的人身伤害。

2）气力输送即风力输送。主要凭借真空泵或风机产生的气流动力以实现物料输送。常用于粉状物料的输送。气力输送系统除设备本身因故障损坏外，最大的安全问题是系统的堵塞和由静电引起的粉尘爆炸。

（2）液态物料输送。化工生产中被输送的液态物料种类繁多，性质各异，温度、压力又有高低之分，因此所用泵的种类较多，通常可分为离心泵、往复泵、旋转泵（齿轮泵、螺杆泵）、流体作用泵四类。

1）离心泵的安全要点。避免物料泄漏引发事故。避免吸入空气导致爆炸。防止静电引起燃烧。避免轴承过热引起燃烧。防止绞伤。

2）往复泵和旋转泵均属于正位移泵。开车时必须将出口阀门打开，严禁采用关闭出口管路阀门的方法进行流量调节，否则将使泵内压力急剧升高，引发爆炸事故。一般采用安装回流支路进行流量调节。

3）流体作用泵是依靠压缩气体的压力或运动流体本身进行流体的输送，如常见的酸蛋、空气升液器、喷射泵。这类泵无活动部件且结构简单，在化工生产中有着特殊的用途，常用于输送腐蚀性流体。

酸蛋、空气升液器等是以空气为动力的设备，必须有足够的耐压强度及良好的接地装置。输送易燃液体时不能采用压缩空气压送，要用氮、二氧化碳等惰性气体代替空气，以防止空气与易燃液体的蒸气形成爆炸性混合物，遇火源造成爆炸事故。

（3）气体物料输送。气体与液体不同之处是具有可压缩性，因此，在其输送过程中当气体压强发生变化时，其体积和温度也随之变化。对气体物料的输送必须特别重视在操作条件下气体的燃烧爆炸危险。

1）保持通风机和鼓风机转动部件的防护罩完好。避免人身伤害事故。必要时安装消音装置，避免通风机和鼓风机噪声对人体造成伤害。

2）压缩机应保证散热良好。严防泄漏，严禁空气与易燃性气体在压缩机内形成爆炸性混合物。防止静电，预防禁忌物的接触，避免操作失误。

3）真空泵应严格密封。输送易燃气体时，尽可能采用液环式真空泵。

2. 加热

加热是将热能传给较冷物体而使其变热的过程，是促进化学反应和完成蒸馏、蒸发、干燥、熔融等单元操作的必要手段。加热的方法一般有直接火加热、水蒸气或热水加热、载体加热及电加热等。

（1）直接火加热的主要危险性。利用直接火加热处理易燃易爆物质时，危险性非常大，温度不易控制，可能造成局部过热烧坏设备。由于加热不均匀易引起易燃液体蒸气的燃烧爆炸，所以在处理易燃易爆物质时，一般不采用此方法。但有时由于生产工艺的需要也可能采用，操作时必须注意安全。

（2）水蒸气或热水加热的主要危险性。利用水蒸气或热水加热易燃易爆物质相对比较安全，存在的主要危险在于设备或管道超压爆炸，升温过快引发事故。

（3）载体加热的主要危险性。无论采用哪一类载体进行加热，都具有一定的危险性。载体加热的主要危险性在于载体本身的危险特性，在操作中必须予以充分重视。

1）油类作载体加热时，若用直接火通过充油夹套进行加热且在设备内处理有燃烧、爆炸危险的物质，则需将加热炉门与反应设备用砖墙隔绝或将加热炉设于车间外面，将热油输送到需要加热的设备内循环使用。油循环系统应严格密闭，不准热油泄漏，要定期检查和清除油锅、油管上的沉积物。

2）使用二苯混合物作载体加热时，需特别注意不得混入低沸点杂质（如水等），也不准混入易燃易爆杂质，否则在升温过程中极易产生爆炸危险。因此必须杜绝加热设备内胆或加热夹套内水的渗漏。在加热系统进行水压试验、检修清洗时严禁混入水。要妥善存放二苯混合物，严禁混入杂质。

3）使用无机物作为载体加热时，需特别注意在熔融的硝酸盐浴中，如加热温度过高，或硝酸盐漏入加热炉燃烧室中，或有机物落入硝酸盐浴内，均能发生燃烧或爆炸。水、酸类物质流入高温盐浴或金属浴中，也会产生爆炸危险。采用金属浴加热，操作时还应防止金属蒸气对人体的危害。

（4）电加热的主要危险性。电加热的主要危险是电炉丝绝缘受到破坏、受潮后线路的短路及接点不良而产生电火花电弧、电线发热等引燃物料，物料过热分解产生爆炸。

3. 冷却、冷凝与冷冻

（1）冷却、冷凝。

1）冷却是使热物体的温度降低而不发生相变化的过程。冷凝是使热物体的温度降低而发生相变化的过程，通常指物质从气态变成液态的过程。

在化工生产中，实现冷却、冷凝的设备通常是间壁式换热器。常用的冷却、冷凝介质是冷水、盐水等。一般情况下，冷水所达到的冷却效果不低于 0 ℃。质量分数为 20% 盐水的冷却效果为 –15 ~ 0 ℃。

2）严格检查冷却设备的密闭性，不允许物料窜入冷却剂中，也不允许冷却剂窜入被冷却的物料中（特别是酸性气体）。

3）冷却操作时，冷却介质不能中断，否则会造成热量积聚，系统温度压力骤增引起爆炸。开车前首先清除冷凝器中的积液，然后通入冷却介质，最后通入高温物料。停车时应首先停止通入被冷却的高温物料，再关闭冷却系统。

4）有些凝固点较高的物料，被冷却后变得黏稠甚至凝固，在冷却时要注意控制温度，防止物料卡住搅拌器或堵塞设备及管道造成事故。

（2）冷冻。

1）冷冻是将物料的温度降到比周围环境温度更低的操作。冷冻操作的实质是借助于某种冷冻剂（如氟利昂、氨、乙烯、丙烯等）蒸发或膨胀时直接或间接地从需要冷冻的物料中取走热量来实现的。适当选择冷冻剂和操作过程，可以获得从摄氏零度至接近于绝对零度的任何程度的冷冻。凡冷冻温度范围在 -100 ℃以内的称为一般冷冻（冷冻），而冷冻温度范围在 -100 ℃以下的则称为深度冷冻（深冷）。在化工生产中，通常采用冷冻盐水（氯化钠、氯化钙、氯化镁等盐类的水溶液）间接制冷。

2）某些冷冻剂易燃且有毒，应防止制冷剂泄漏。

3）制冷系统压缩机、冷凝器、蒸发器及管路，应有足够的耐压程度且气密性良好，防止设备、管路裂纹、泄漏。同时要加强安全阀、压力表等安全装置的检查、维护。

4）如果制冷系统因发生事故或停电而紧急停车，应注意其对被冷冻物料的排空处理。

4. 粉碎与筛分

（1）粉碎。通常将大块物料变成小块物料的操作称为破碎，将小块物料变成粉末的操作称为研磨。

粉碎操作最大的危险性是可燃粉尘与空气形成爆炸性混合物，遇点火源发生粉尘爆炸事故，操作时需室内通风良好以减少粉尘含量。

（2）筛分。用具有不同尺寸筛孔的筛子将固体物料依照所规定的颗粒大小分开的操作称为筛分。通过筛分将固体颗粒按照粒度（块度）大小分级，选取符合工艺要求的粒度。

筛分最大的危险性是可燃粉尘与空气形成爆炸性混合物，遇点火源发生粉尘爆炸事故。在筛分操作过程中粉尘如具有可燃性，需注意因碰撞和静电而引起燃烧、爆炸。粉尘如具有毒性、吸水性或腐蚀性，需注意呼吸器官及皮肤的保护，以防引起中毒或皮肤伤害。

5. 熔融与混合

（1）熔融是将固体物料通过加热使其熔化为液态的操作，如将氢氧化钠、氢氧化钾、萘、磺酸钠等熔融之后进行化学反应。将沥青、石蜡和松香等熔融之后便于使用和加工。熔融温度一般为150 ~350 ℃，可采用烟道气、油浴或金属浴加热。

1）碱和磺酸盐中若含有无机盐杂质应尽量除去，否则杂质不熔融，呈块状残留于熔融物内，妨碍熔融物的混合并能使其局部过热、烧焦，致使熔融物喷出烧伤操作人员，因此必须经常消除锅垢。

2）进行熔融操作时，加料量应适宜，盛装量一般不超过设备容量的三分之二，并在熔融设备的台子上设置防溢装置，防止物料溢出与明火接触发生火灾。

3）熔融过程中必须不间断地搅拌，使其加热均匀以免局部过热、烧焦，导致熔融物喷出造成烧伤。

（2）混合是用机械或其他方法使两种或多种物料相互分散而达到均匀状态的操作，包括液体与液体的混合、固体与液体的混合、固体与固体的混合。用于液态的混合装置有机械搅拌、气流搅拌等。

混合操作是一个比较危险的过程，易燃液态物料在混合过程中发生蒸发，产生大量可燃蒸气，若泄漏将与空气形成爆炸性混合物。易燃粉状物料在混合过程中极易造成粉尘漂浮而导致粉尘爆炸。对强放热的混合过程，若操作不当也具有极大的火灾爆炸危险。

1）混合易燃、易爆或有毒物料时，混合设备应很好地密闭并通入惰性气体进行保护。

2）混合可燃物料时，设备应很好地接地以导除静电，并在设备上安装爆破片。

3）混合过程中物料放热时搅拌不可中途停止，否则会导致物料局部过热，可能产生爆炸。

6. 蒸发

蒸发是借加热作用使溶液中的溶剂不断汽化，以提高溶液中溶质的浓度或使溶质析出的物理过程。蒸发按其操作压力不同可分为常压、加压和减压蒸发。如氯碱工业中的碱液提浓、海水淡化等。蒸发过程实际上就是一个传热过程。

被蒸发的溶液也都具有一定的特性，如溶质在浓缩过程中可能有结晶、沉淀和污垢生成。这些将导致传热效率的降低，并产生局部过热促使物料分解、燃烧和爆炸。因此，需对加热部分经常清洗。

对热敏性物料的蒸发需考虑温度控制问题。为防止热敏性物料的分解，可采用真空蒸发以降低蒸发温度，或者尽量缩短溶液在蒸发器内停留的时间和与加热面接触的时间，可采用单程型蒸发器。

7. 干燥

干燥是利用干燥介质所提供的热能除去固体物料中水分（或其他溶剂）的单元操作。干燥所用的干燥介质有空气、烟道气、氮气或其他惰性介质。

干燥过程的主要危险有干燥温度、时间控制不当造成物料分解爆炸，以及操作过程中散发出来的易燃易爆气体或粉尘与点火源接触而产生燃烧爆炸等，因此，干燥过程的安全技术主要在于严格控制温度、时间及点火源。

8. 蒸馏

蒸馏是利用均相液态混合物中各组分挥发度的差异，使混合液中各组分得以分离的操作。通过塔釜的加热和塔顶的回流实现多次部分汽化、多次部分冷凝，气液两相在传热的同时进行传质，使气相中的易挥发组分的浓度从塔底向上逐渐增加，使液相中的难挥发组分的浓度从塔顶向下逐渐增加。

蒸馏操作可分为间歇蒸馏和连续精馏。当挥发度差异大、容易分离或产品纯度要求不高时，通常采用间歇蒸馏。当挥发度接近、难以分离或产品纯度要求较高时，通常采用连续精馏。间歇蒸馏所用的设备为简单蒸馏塔。连续精馏采用的设备种类较多，主要有填料塔和板式塔两类。根据物料的特性，可选用不同材质和形状的填料，选用不同类型的塔板。塔釜的加热方式可以是直接火加热、水蒸气直接加热，蛇管、夹套及电感加热等。

蒸馏按操作压力又可分为常压蒸馏、减压蒸馏和加压蒸馏。处理中等挥发性（沸点为 100 ℃左右）物料时，采用常压蒸馏较为适宜。处理低沸点（沸点低于 30 ℃）物料时，采用加压蒸馏较为适宜。处理高沸点（沸点高于 150 ℃）物料时，易发生分解、聚合及热敏性的物料则应采用减压蒸馏。

蒸馏涉及加热、冷凝、冷却等单元操作，是一个比较复杂的过程，其危险性较大。蒸馏过程的主要危险性有：易燃液体蒸气与空气形成爆炸性混合物遇点火源发生爆炸；塔釜中复杂的残留物在高温下发生热分解、自聚及自燃；物料中微量的不稳定杂质在塔内局部被蒸发变浓后分解爆炸；低沸点杂质进入蒸馏塔后瞬间产生大量蒸汽造成设备压力骤然升高而发生爆炸；设备因腐蚀泄漏引发火灾、因物料结垢造成塔盘及管道堵塞发生超压爆炸；蒸馏温度控制不当，有液泛、冲料、过热分解、超压、自燃及淹塔的危险；加料量控制不当有沸溢的危险，同时造成塔顶冷凝器负荷不足，使未冷凝的蒸气进入产品受槽后因超压发生爆炸；回流量控制不当，造成蒸馏温度偏离正常，同时出现淹塔使操作失控，造成出口管堵塞发生爆炸。

复习思考题

1. 生产的火灾危险性分类有哪些?
2. 简述氧化反应的危险性。
3. 简述氧化反应的安全技术要点。
4. 简述还原反应的危险性。
5. 简述还原反应的安全技术要点。
6. 简述硝化反应的危险性。
7. 简述硝化反应的安全技术要点。
8. 简述物料输送的危险性。
9. 简述加热的危险性。

第五节　危险化学品的储存与经营

一、危险化学品的储存

储存是危险化学品流通过程中非常重要的一个环节，处理不当就会造成事故。为了加强对危险化学品的管理，国家制定了一系列法规和标准，对危险化学品储存养护技术条件、审批制度、安全储存都提出了具体要求。

1. 危险化学品储存的定义

储存是产品在离开生产领域而尚未进入消费领域之前，在流通过程中形成的一种停留。生产、经营、储存、使用危险化学品的企业都存在危险化学品的储存问题。

危险化学品的储存根据物质的理化性质和储存量的多少可分为整装储存和散装储存两类。

整装储存是将物品装于小型容器或包件中储存，如各种瓶装、袋装、桶装、箱装或钢瓶装的物品。这种储存方法存放的品种多，物品的性质复杂，比较难管理。

散装储存是物品不带外包装的净货储存。这种储存方法量比较大，设备、技术条件比较复杂，如有机液体危险化学品甲醇、苯、乙苯、汽油等，一旦发生事故难以施救。

无论整装储存还是散装储存都有很大的潜在危险，所以经营、储存保管人员必须用科学的态度从严管理，万万不能马虎从事。

2. 危险化学品储存方式

危险化学品仓库应采用隔离储存、隔开储存、分离储存的方式对危险化学品进行储存。

（1）隔离储存。在同一房间或同一区域内，不同的物料之间分开一定的距离，非禁忌物料间用通道保持空间的储存方式。

（2）隔开储存。在同一建筑或同一区域内，用隔板或墙，将其与禁忌物料分离开的储存方式。

（3）分离储存。在不同的建筑物或远离所有建筑的外部区域内的储存方式。

3. 危险化学品储存的基本要求

（1）基本要求。

1）危险化学品储存、经营企业的仓库规划选址、建设、安全设施，应符合《建筑设计防火规范》（GB 50016—2014）和《危险化学品经营企业安全技术基本要求》（GB 18265—2019）的要求。

2）应建立危险化学品储存信息管理系统，按照储存量大小进行分层次要求，实时记录作业基础数据，包括但不限于：

①危险化学品出入库记录，包括但不限于时间、品种、品名、数量；

②识别化学品安全技术说明书中要求的灭火介质、应急、消防要求以及危险特性，理化性质，搬运、储存注意事项和禁忌等，以及可能设计安全相容矩阵表；

③库存危险化学品品种、数量、库内分布、包装形式等信息；

④库存危险化学品安全和应急措施。

3）危险化学品储存信息数据应进行异地实时备份，数据保存期限不少于1年。

4）危险化学品信息系统应具有接入所在地相关监管部门业务信息系统的接口。

（2）储存要求。

1）应选择符合危险化学品的特性、防火要求及化学品安全技术说明书中储存要求的仓储设施进行储存。

2）应根据危险化学品仓库的设计和经营许可要求，严格控制危险化学品的储存品种、数量。

3）危险化学品储存应满足危险化学品分类、包装、储存方式及消防要求。

4）危险化学品的储存配存，应符合危险化学品储存配存表及其化学品安全技术说明书的要求。

5）储存爆炸物的仓库，其外部安全防护距离以及物品存放应满足《危险化学品经营企业安全技术基本要求》（GB 18265—2019）的要求。

6）储存有毒气体或易燃气体，且其构成危险化学品重大危险源的仓库，其外部安全防护距离应满足《危险化学品经营企业安全技术基本要求》（GB 18265—2019）的要求。

7）储存具有火灾危险性危险化学品的仓库，耐火等级、层数、面积及防火间距应符合《建筑设计防火规范》（GB 50016—2014）的要求。

8）剧毒化学品、易燃气体、氧化性气体、急性毒性气体、遇水放出易燃气体的物质和混合物、氯酸盐、高锰酸盐、亚硝酸盐、过氧化钠、过氧化氢、溴素应分离储存。

9）剧毒化学品、监控化学品、易制毒化学品、易制爆危险化学品，应按规定将储存地点、储存数量、流向及管理人员的情况报相关部门备案，剧毒化学品以及构成重大危险源的危险化学品，应在专用仓库内单独存放，并实行双人收发、双人保管制度。

（3）人员与培训。

1）应建立全员培训体系，对从业人员进行法规、标准、岗位技能、安全、个体防护、应急处置等培训，考核合格后上岗作业；对有资质要求的岗位，应配备依法取得相应资质的人员。

2）危险化学品仓库管理人员应具备危险化学品储存管理范围相关的安全知识和管理能力。

3）危险化学品仓库从业人员应能理解化学品安全技术说明书的内容并掌握风险防范措施，掌握岗位操作技能。

4. 危险化学品储存的安全管理

（1）制度管理。

1）应建立设施、设备、器具检查和维护制度以及仓储日常操作、控制指标等运行制度。

2）应与社区及周边企事业单位建立应急联动机制。

3）应建立风险评估制度，并定期进行风险评估。

4）应建立覆盖全员的应急响应程序，编制危险化学品事故应急预案，至少每半年进行一次演练。

（2）库区安全。

1）储存危险化学品的仓库和作业场所应设置明显的安全标志，并符合《安全标志及其使用导则》（GB 2894—2008）和《化学品作业场所安全警示标志规范》（AQ 3047—2013）的规定。

2）库区内严禁吸烟和使用明火。

3）应对进入库区的人员进行登记及安全告知。

4）应对进入库区的车辆登记管理，并采取防火措施。

5）危险化学品仓库的应急救援物资配备，应符合《危险化学品单位应急救援物资配备要求》（GB 30077—2013）的要求。

（3）作业安全。

1）危险化学品储存作业前，应先对仓库通风。

2）进入储存爆炸物及其他对静电、火花敏感的危险化学品仓库时，应穿防静电工作服，不应穿钉鞋，应在进入仓库前消除人体静电；应使用具备防爆功能的通信工具，不应使用易产生静电和火花的作业机具。

3）储存仓库内禁止进行开桶、分装、改装作业。

4）不应在恶劣天气进行装卸作业。

5. 危险化学品出入库管理

危险化学品出入库必须严格按照出入库管理制度进行，装卸、搬运物品都应根据危险化学品性质按规定进行。

（1）入库作业。

1）入库前应做好储存位置、搬运工具、加固材料、防护装备、交接清单的准备。

2）应对运输车辆（厢）、装载状况（含施封）进行检查。

3）应对入库危险化学品的品名、规格、数量与入库信息或单据的一致性进行查验。

4）入库物品的包装应完好，标志、安全标签应规范、清晰。

5）入库物品应附有中文化学品安全技术说明书和安全标签。

6）入库数量应以实际验收为准。

7）验收完毕应做好记录并归档，单据保存期限不少于1年。

（2）在库管理。

1）应定期进行盘点并记录。发现账货不符，应及时进行处理。

2）应定期对物品堆码状态、包装及仓库进行检查并记录。应对检查发现的问题及时进行处理。

3）应根据储存的危险化学品特性和气候条件，确定每日观测库内温湿度次数，并记录。

4）应根据储存的危险化学品特性，正确调节控制库内温湿度。

5）盘点、检查、观测记录应保存不少于1年。

（3）出库作业。

1）应在出库作业前，进行账货核对。

2）应核对出库单据的有效性。发现问题立即与相关方协调处理。

3）应查验提货车辆及驾驶、押运人员的资质，并记录。不符合要求的不应受理出库业务。

4）应做好出库前安全检查，确保包装及标签、标志正确完好，货物捆扎安全牢固。

5）出库单据保存期应不少于1年。

二、危险化学品的经营

《危险化学品安全管理条例》第三十三条规定，国家对危险化学品经营（包括仓储经营，下同）实行许可制度。未经许可，任何单位和个人不得经营危险化学品。

第三十四条规定，从事危险化学品经营的企业应当具备下列条件：

1. 有符合国家标准、行业标准的经营场所，储存危险化学品的，还应当有符合国家标准、行业标准的储存设施；

2. 从业人员经过专业技术培训并经考核合格；

3. 有健全的安全管理规章制度；

4. 有专职安全管理人员；

5. 有符合国家规定的危险化学品事故应急预案和必要的应急救援器材、设备；

6. 法律、法规规定的其他条件。

从事剧毒化学品、易制爆危险化学品经营的企业，应当向所在地设区的市级人民政府安全生产监督管理部门提出申请，从事其他危险化学品经营的企业，应当向所在地县级人民政府安全生产监督管理部门提出申请（有储存设施的，应当向所在地设区的市级人民政府安全生产监督管理部门提出申请）。申请人应当提交其符合《危险化学品安全管理条例》第三十四条规定条件的证明材料。设区的市级人民政府安全生产监督管理部门或者县级人民政府安全全生产监督管理部门应当依法进行审查，并对申请人的经营场所、储存设施进行现场核查，自收到证明材料之日起30日内作出批准或者不予批准的决定。予以批准的，颁发危险化学品经营许可证；不予批准的，书面通知申请人并说明理由。

设区的市级人民政府安全生产监督管理部门和县级人民政府安全生产监督管理部门应当将其颁发危险化学品经营许可证的情况及时向同级环境保护主管部门和公安机关通报。

申请人持危险化学品经营许可证向工商行政管理部门办理登记手续后，方可从事危险化学品经营活动。法律、行政法规或者国务院规定经营危险化学品还需要经其他有关部门许可的，申请人向工商行政管理部门办理登记手续时还应当持相应的许可证件。

危险化学品经营企业储存危险化学品的，应当遵守《危险化学品安全管理条例》第二章关于储存危险化学品的规定。

危险化学品商店内只能存放民用小包装的危险化学品。

危险化学品经营企业不得向未经许可从事危险化学品生产、经营活动的企业采购危险化学品，不得经营没有化学品安全技术说明书或者化学品安全标签的危险化学品。

依法取得危险化学品安全生产许可证、危险化学品安全使用许可证、危险化学品经营许可证的企业，凭相应的许可证件购买剧毒化学品、易制爆危险化学品。民用爆炸物品生产企业凭民用爆炸物品生产许可证购买易制爆危险化学品。

《危险化学品安全管理条例》规定以外的单位购买剧毒化学品的，应当向所在地县级人民政府公安机关申请取得剧毒化学品购买许可证；购买易制爆危险化学品的，应当持本单位出具的合法用途说明。

个人不得购买剧毒化学品（属于剧毒化学品的农药除外）和易制爆危险化学品。

申请取得剧毒化学品购买许可证，申请人应当向所在地县级人民政府公安机关提交下列材料：

1. 营业执照或者法人证书（登记证书）的复印件；

2. 拟购买的剧毒化学品品种、数量的说明；

3. 购买剧毒化学品用途的说明；

4. 经办人的身份证明。

县级人民政府公安机关应当自收到前款规定的材料之日起 3 日内，作出批准或者不予批准的决定。予以批准的，颁发剧毒化学品购买许可证；不予批准的，书面通知申请人并说明理由。

剧毒化学品购买许可证管理办法由国务院公安部门制定。

危险化学品生产企业、经营企业销售剧毒化学品、易制爆危险化学品，应当查验《危险化学品安全管理条例》第三十八条第一款、第二款规定的相关许可证件或者证明文件，不得向不具有相关许可证件或者证明文件的单位销售剧毒化学品、易制爆危险化学品。对持剧毒化学品购买许可证购买剧毒化学品的，应当按照许可证载明的品种、数量销售。

禁止向个人销售剧毒化学品（属于剧毒化学品的农药除外）和易制爆危险化学品。

危险化学品生产企业、经营企业销售剧毒化学品、易制爆危险化学品，应当如实记录购买单位的名称、地址、经办人的姓名、身份证号码以及所购买的剧毒化学品、易制爆危险化学品的品种、数量、用途。销售记录以及经办人的身份证明复印件、相关许可证件复印件或者证明文件的保存期限不得少于 1 年。

剧毒化学品、易制爆危险化学品的销售企业、购买单位应当在销售、购买后 5 日内，将所销售、购买的剧毒化学品、易制爆危险化学品的品种、数量以及流向信息报所在地县级人民政府公安机关备案，并输入计算机系统。

复习思考题

1. 简述危险化学品储存方式。

2. 简述危险化学品出入库的安全要求。

3. 简述从事危险化学品经营的企业应当具备的条件。

第六节 危险化学品包装与运输

工业产品的包装是现代工业中不可缺少的组成部分。一种产品从生产到使用，一般要经过多次装卸、储存、运输的过程，在这个过程中，产品将不可避免地受到碰撞、跌落、冲击和振动。好的包装将会很好地保护产品，减少运输过程中的破损，使产品安全地到达用户手中，这对于危险化学品显得尤为重要。包装方法得当就会降低储存、运输中的事故发生率，否则就有可能导致重大事故。

一、危险化学品的包装

1. 危险化学品包装的有关规定

《危险化学品安全管理条例》第六条规定，质量监督检验检疫部门负责核发危险化学品及其包装物、容器（不包括储存危险化学品的固定式大型储罐，下同）生产企业的工业产品生产许可证，并依法对其产品质量实施监督，负责对进出口危险化学品及其包装实施检验。

2. 包装类别

《危险货物运输包装通用技术条件》（GB 12463—2009）规定，根据盛装内装物的危险程度，将运输包装分为以下三个类别。

Ⅰ类包装：适用内装危险性较大的货物。

Ⅱ类包装：适用内装危险性中等的货物。

Ⅲ类包装：适用内装危险性较小的货物。

3. 包装的基本要求

（1）运输包装应结构合理，并具有足够强度，防护性能好。材质、型式、规格、方法和内装货物质量应与所装危险货物的性质和用途相适应，便于装卸、运输和储存。

（2）运输包装应质量良好，其构造和封闭形式应能承受正常运输条件下的各种作业风险，不应因温度、湿度或压力的变化而发生任何渗（洒）漏，表面应清洁，不允许黏附有害的危险物质。

（3）运输包装与内装物直接接触部分，必要时应有内涂层或进行防护处理，运输包装材质不应与内装物发生化学反应而形成危险产物或导致削弱包装强度。

（4）内容器应予固定。如内容器易碎且盛装易洒漏货物，应使用与内装物性质相适应的衬垫材料或吸附材料衬垫妥实。

（5）盛装液体的容器，应能经受在正常运输条件下产生的内部压力。灌装时应留有足够的膨胀余量（预留容积），除另有规定外，并应保证在温度 55 ℃时，内装液体不致完全充满容器。

（6）运输包装封口应根据内装物性质采用严密封口、液密封口或气密封口。

（7）盛装需浸湿或加有稳定剂的物质时，其容器封闭形式应能有效地保证内装液体（水、溶剂和稳定剂）的百分比，在储运期间保持在规定的范围以内。

（8）运输包装有降压装置时，其排气孔设计和安装应能防止内装物泄漏和外界杂质进入，排出的气体量不应造成危险和污染环境。

（9）复合包装的内容器和外包装应紧密贴合，外包装不应有擦伤内容器的凸出物。

（10）盛装爆炸品包装的附加要求：

1）盛装液体爆炸品容器的封闭形式，应具有防止渗漏的双重保护。

2）除内包装能充分防止爆炸品与金属物接触外，铁钉和其他没有防护涂料的金属部件不应穿透外包装。

3）双重卷边接合的钢桶，金属桶或以金属做衬里的运输包装，应能防止爆炸物进入缝隙。钢桶或铝桶的封闭装置应配有合适的垫圈。

4）包装内的爆炸物质和物品，包括内容器，应衬垫妥实，在运输过程中不允许发生危险性移动。

5）盛装有对外部电磁辐射敏感的电引发装置的爆炸物品，包装应具备防止所装物品受外部电磁辐射源影响的功能。

4. 包装容器

危险化学品包装物、容器是根据危险化学品的特性，按照有关法规、标准专门设计制造的桶、罐、瓶、箱、袋等。

二、危险化学品的运输

运输是危险化学品流通过程中的一个重要环节。在每年各种事故的统计中，危险化学品运输事故占有相当大的比例。《中华人民共和国安全生产法》和《危险化学品安全管理条例》对危险化学品运输作了相关规定和要求，其目的是要加强对危险化学品运输安全管理，防止事故发生。

从事危险化学品道路运输、水路运输的，应当分别依照有关道路运输、水路运输的法律、行政法规的规定，取得危险货物道路运输许可、危险货物水路运输许可，并向工商行政部门办理登记手续。危险化学品道路运输企业、水路运输企业应当配备专职安全管理人员。

危险化学品道路运输企业、水路运输企业的驾驶人员、船员、装卸管理人员、押运人员、申报人员、集装箱装箱现场检查员应当经交通部门考核合格，取得从业资格。具体办法由国务院交通运输主管部门制定。

危险化学品的装卸作业应当遵守安全作业标准、规程和制度，并在装卸管理人员的现场指挥或者监控下进行。水路运输危险化学品的集装箱装箱作业应当在集装箱装箱现场检查员的指挥或者监控下进行，并符合积载、隔离的规范和要求；装箱作业完毕后，集装箱装箱现场检查员应当签署装箱证明书。

运输危险化学品，应当根据危险化学品的危险特性采取相应的安全防护措施，并配备必要的防护用品和应急救援器材。

用于运输危险化学品的槽罐以及其他容器应当封口严密，能够防止危险化学品在运输过程中因温度、湿度或者压力的变化发生渗漏、洒漏；槽罐以及其他容器的溢流和泄压装置应当设置准确、启闭灵活。

运输危险化学品的驾驶人员、船员、装卸管理人员、押运人员、申报人员、集装箱装箱现场检查员，应当了解所运输的危险化学品的危险特性及其包装物、容器的使用要求和出现危险情况时的应急处置方法。

通过道路运输危险化学品的，托运人应当委托依法取得危险货物道路运输许可的企业承运。通过道路运输危险化学品的，应当按照运输车辆的核定载质量装载危险化学品，不得超载。危险化学品运输车辆应当符合国家标准要求的安全技术条件，并按照国家有关规定定期进行安全技术检验。危险化学品运输车辆应当悬挂或者喷涂符合国家标准要求的警示标志。

通过道路运输危险化学品的，应当配备押运人员，并保证所运输的危险化学品处于押运人员的监控之下。运输危险化学品途中因住宿或者发生影响正常运输的情况，需要较长时间停车的，驾驶人员、押运人员应当采取相应的安全防范措施；运输剧毒化学品或者易制爆危险化学品的，还应当向当地公安机关报告。未经公安机关批准，运输危险化学品的车辆不得进入危险化学品运输车辆限制通行的区域。危险化学品运输车辆限制通行的区域由县级人民政府公安机关划定，并设置明显的标志。

通过道路运输剧毒化学品的，托运人应当向运输始发地或者目的地县级人民政府公安机关申请剧毒化学品道路运输通行证。

申请剧毒化学品道路运输通行证，托运人应当向县级人民政府公安机关提交下列材料：

1）拟运输的剧毒化学品品种、数量的说明；

2）运输始发地、目的地、运输时间和运输路线的说明；

3）承运人取得危险货物道路运输许可、运输车辆取得营运证以及驾驶人员、押运人员取得上岗资格的证明文件；

4）《危险化学品安全管理条例》第三十八条第一款、第二款规定的购买剧毒化学品的相关许可证件，或者海关出具的进出口证明文件。

县级人民政府公安机关应当自收到规定的材料之日起 7 日内，作出批准或者不予批准的决定。予以批准的，颁发剧毒化学品道路运输通行证；不予批准的，书面通知申请人并说明理由。

剧毒化学品、易制爆危险化学品在道路运输途中丢失、被盗、被抢或者出现流散、泄漏等情况的，驾驶人员、押运人员应当立即采取相应的警示措施和安全措施，并向当地公安机关报告。公安机关接到报告后，应当根据实际情况立即向安全生产监督管理部门、环境保护主管部门、卫生主管部门通报。有关部门应当采取必要的应急处置措施。

托运危险化学品的，托运人应当向承运人说明所托运的危险化学品的种类、数量、危险特性以及发生危险情况的应急处置措施，并按照国家有关规定对所托运的危险化学品妥善包装，在外包装上设置相应的标志。运输危险化学品需要添加抑制剂或者稳定剂的，托运人应当添加，并将有关情况告知承运人。

托运人不得在托运的普通货物中夹带危险化学品，不得将危险化学品匿报或者谎报为普通货物托运。任何单位和个人不得交寄危险化学品或者在邮件、快件内夹带危险化学品，不得将危险化学品匿报或者谎报为普通物品交寄。邮政企业、快递企业不得收寄危险化学品。

通过铁路、航空运输危险化学品的安全管理，依照有关铁路、航空运输的法律、行政法规、规章的规定执行。

复习思考题

1. 危险货物的运输包装类别有哪些？

2. 简述危险化学品包装的基本要求。

3. 简述申请剧毒化学品道路运输通行证，托运人应当向县级人民政府公安机关提交的材料。

第七节 防火防爆知识

一、防火知识

1. 燃烧的含义

燃烧是可燃物与助燃物（氧或氧化剂）发生的一种发光发热的

化学反应，是在单位时间内产生的热量大于消耗热量的反应。燃烧过程具有两个特征：一是有新的物质产生，即燃烧是化学反应；二是燃烧过程中伴随有发光发热现象。

2. 燃烧的条件

燃烧必须同时具备下列三个条件：

（1）有可燃性的物质，如木材、乙醇、甲烷、乙烯等。

（2）有助燃性物质，常见的为空气和氧气。

（3）有能导致燃烧的能源，即点火源，如撞击、摩擦产生的火花，明火，电火花，高温物体，光和射线等。

可燃物、助燃物和点火源构成燃烧的三要素，缺少其中任何一个燃烧便不能发生。上述三个条件同时存在也不一定会发生燃烧，只有当三个条件同时存在，且都具有一定的“量”，并彼此作用时，才会发生燃烧。对于正在进行着的燃烧，若消除其中任何一个条件，燃烧便会终止，这就是灭火的基本原理。

3. 火灾及其分类

凡是在时间或空间上失去控制的燃烧所造成的灾害都称为火灾。《火灾分类》（GB/T 4968—2008）将火灾根据可燃物的类型和燃烧特性分为以下六类。

（1）A 类火灾是固体物质火灾。这种物质往往具有有机物性质，一般在燃烧时能产生灼热的余烬。如木材、棉、毛、麻、纸张的火灾等。

（2）B 类火灾是液体火灾和可熔化的固体物质火灾。如汽油、煤油、柴油、原油、甲醇、乙醇、沥青、石蜡的火灾等。

（3）C 类火灾是气体火灾。如煤气、天然气、甲烷、乙烷、丙烷、氢气的火灾等。

（4）D 类火灾是金属火灾。如钾、钠、镁、铝镁合金等的火灾。

（5）E 类火灾是带电火灾，即物体带电燃烧的火灾。如运行中的电动设备和仪器仪表等的火灾。

（6）F 类火灾是烹饪器具内的烹饪物的火灾。

4. 点火源

能够引起可燃物燃烧的热能源称为点火源，主要的点火源有以下几种。

（1）明火。明火有生产性用火，如乙炔火焰等。有非生产性用火，如烟头火、油灯火等。明火是最常见而且是比较强的点火源，可以点燃任何可燃性物质。

（2）电火花。电火花包括电气设备运行中产生的火花、短路火花及静电放电火花和雷击火花。随着电气设备的广泛使用和操作过程的连续化，这种火源引起的火灾所占的比例越来越大。如加压气体在高压泄漏时会产生静电火花、人体静电放电产生静电火花、液体燃料流动时的静电放电、加注燃料时摩擦产生的静电（由于燃料和输油管道、容器及其他注油工具的互相摩擦，能产生大量的静电荷，注油的速度越快，产生的静电越多）等。

（3）火星。火星是在铁与铁、铁与石、石与石之间的强烈摩擦、撞击时产生的，是机械能转化为热能的一种现象。这种火星的温度一般在 1 200 ℃左右，可以引起很多物质的燃烧。

（4）灼热体。灼热体是受高温作用，由于蓄热而具有较高温度的物体。灼热体与可燃物质接触引起的着火有快有慢，这主要取决于灼热体所带的热量和物质的易燃性、状态，其点燃过程是从一点开始扩展的。

（5）聚集的日光。聚集的日光是太阳光、凸玻璃聚光热等，这种热能只要具有足够的温度就能点燃可燃物质。

（6）化学反应热和生物热。化学反应热和生物热是由于化学变化或生物作用产生的热能，这种热能如不及时散发掉就会引起着火甚至燃烧爆炸。

5. 燃烧产物及危害

（1）燃烧产物。燃烧产物是由燃烧或热解作用而产生的全部物质，也就是说可燃物燃烧时生成的气体、固体和蒸气等物质，均为燃烧产物。物质燃烧后产生不能继续燃烧的新物质（如二氧化碳、二氧化硫、水蒸气等），这种燃烧称为完全燃烧，其产物为完全燃烧产物。物质燃烧后产生还能继续燃烧的新物质（如一氧化碳、未燃尽的碳、甲醇、丙酮等)，则称为不完全燃烧，其产物为不完全燃烧产物。

(2) 燃烧产物的危害。二氧化碳是窒息性气体；一氧化碳是有强烈毒性的可燃气体；二氧化硫有毒，是大气污染中危害较大的一种气体，它严重伤害植物，刺激人的呼吸道，腐蚀金属等；一氧化氮、二氧化氮等都是有毒气体，对人体存在不同程度的危害甚至会危及生命。烟灰是不完全燃烧产物，由悬浮在空气中未燃尽的细碳粒及其分解产物组成。烟雾是由悬浮在空气中的微小液滴形成。这些都会污染环境，对人体有害。

6. 爆炸

爆炸是物质的一种急剧的物理、化学变化，是在变化过程中伴有物质所含能量快速释放，变为对物质本身、变化产物或周围介质的压缩能或运动能的现象。

一般情况下，起火后火势逐渐蔓延扩大，随着时间的增加，损失急剧增加。而爆炸则是突发性的，在大多数情况下爆炸过程在瞬间完成，人员伤亡及物质损失也在瞬间造成。火灾可能引发爆炸，因为火灾中的明火及高温能引起易燃易爆物爆炸，如油库或炸药库失火可能引起密封油桶、炸药的爆炸；一些在常温下不会爆炸的物质，如醋酸，在火场的高温下也有变成爆炸物的可能。爆炸也可以引发火灾，爆炸抛出的易燃物可能引起大面积火灾，如密封的燃料油罐爆炸后由于油品的外泄引起火灾。因此，发生火灾时要防止火灾转化为爆炸，发生爆炸时又要考虑到引发火灾的可能并及时采取防范措施。

二、防火防爆措施

防止火灾、爆炸事故，必须坚持“预防为主，防消结合”的方针。防火防爆的基本安全措施主要有技术措施和组织管理措施两个方面。

1. 防火防爆的技术措施

(1) 防止形成燃爆的介质。可用通风的办法来降低燃爆物质的浓度，使其达不到燃烧、爆炸极限，也可以用不燃或难燃物质代替易燃物质。

（2）防止产生点火源。使火灾、爆炸不具备发生的条件。

（3）安装防火防爆安全装置。如安装灭火器、安全阀等装置。

2. 防火防爆的组织管理措施

（1）加强对防火防爆工作的领导。

（2）建立健全防火防爆制度。

（3）开展经常性的安全教育和检查。

（4）不得占用和堵塞消防通道。

（5）配备足够的消防器材。

（6）加强值班，严格进行巡回检查。

三、火灾爆炸事故的应急技术措施

1. 火灾事故处置要点

（1）发生火灾事故后，要正确判断着火部位和着火介质，立即使用现场便携式、移动式消防器材在火灾初起时及时扑救。

（2）如果是电器着火则要迅速切断电源，保证灭火的顺利进行。

（3）如果是单台设备着火，在甩掉和扑灭着火设备的同时，改用和保护备用设备。

（4）如果是高温介质漏出后自燃着火，则应首先切断设备进料，尽量安全地转移设备内储存的物料，然后采取进一步的处理措施。

（5）如果是易燃介质泄漏后受热着火，则应在切断设备进料的同时，降低高温物体表面的温度，再采取进一步的处理措施。

（6）如果是大面积着火，要迅速切断着火单元的进料，切断与周围单元生产管线的联系，停机、停泵，迅速将物料倒至安全的储罐，做好蒸汽掩护。

（7）发生火灾后，要在积极扑救初起之火的同时迅速拨打火警电话向消防队报告，以得到专业消防队伍的支援，防止火势进一步扩大和蔓延。

2. 泄漏事故处置要点

（1）临时设置现场警戒范围。发生泄漏、跑冒事故后，要迅速疏散泄漏污染区人员至安全区，临时设置现场警戒范围，禁止无关人员进入污染区。

（2）熄灭危险区内一切火源。在可燃液体物料泄漏的范围内，首先要绝对禁止使用各种明火，特别是在夜间或视线不清的情况下，不要使用火柴、打火机等进行照明；同时也要注意不要使用刀闸等普通型电气开关。

（3）防止静电的产生。可燃液体在泄漏的过程中，流速过快就容易产生静电。为防止静电的产生，可采用堵洞、塞缝和减小内部压力的方法，通过减缓流速或止住泄漏来达到防静电的目的。

（4）避免形成爆炸性混合气体。当可燃物料泄漏在库房、厂房等有限空间时，要立即打开门窗进行通风，以避免形成爆炸性混合气体。

（5）如果是油罐液位超高造成跑冒，应急人员要按照规定穿防静电的防护服，佩戴自给式呼吸器，立即关闭进料阀门，将物料输送到相同介质的待收罐。

3. 爆炸事故处置要点

（1）发生重大爆炸事故后，岗位人员要沉着、镇静，不要惊慌失措，在班长的带领下迅速安排人员报警，同时积极组织人员查找事故原因。

（2）在处理事故过程中岗位人员要穿戴防护服，必要时佩戴防毒面具和采取其他防护措施。

（3）如果是单个设备发生爆炸，要切断进料，关闭与之相邻的所有阀门。停机、停泵、停炉、除净塔器及管线的存料，做好蒸汽掩护。

（4）当爆炸引起大火时，在岗人员应利用岗位配备的消防器材进行扑救，并及时报警，请求灭火和救援，以免事态进一步恶化。

（5）爆炸发生后，要组织人员对邻近的设备和管线进行仔细检，避免再次发生灾害。

四、常用灭火剂和灭火器介绍

1. 常用灭火剂

（1）水。水是自然界中分布最广、最廉价的灭火剂，由于水具有较高的比热容［4.186 J/(g·℃)］和汽化热（2 260 J/g），因此在灭火中其冷却作用十分明显，其灭火机理主要依靠冷却和窒息作用进行灭火。水灭火剂的主要缺点是产生水渍损失和造成污染、不能用于带电火灾的扑救。

（2）泡沫灭火剂。泡沫灭火剂是通过与水混溶、采用机械或化学反应的方法产生泡沫的灭火剂。一般由化学物质、水解蛋白或由表面活性剂和其他添加剂的水溶液组成。通常有化学泡沫灭火剂、机械泡沫灭火剂、洗涤剂泡沫灭火剂。泡沫灭火剂的灭火机理主要是冷却、窒息作用，即在着火的燃烧物表面上形成一个连续的泡沫层，通过泡沫本身和所析出的混合液对燃烧物表面进行冷却，以及通过泡沫层的覆盖作用使燃烧物与氧气隔绝而灭火。泡沫灭火剂的主要缺点是水渍损失和污染，不能用于带电火灾的扑救。

目前，在灭火系统中使用的泡沫主要是空气机械泡沫。按发泡倍数可分为三种：发泡倍数在 20 倍以下的称为低倍数泡沫；在 21 ~200 倍的称为中倍数泡沫；在 201 ~1 000 倍的称为高倍数泡沫。

（3）干粉灭火剂。干粉灭火剂是用于灭火的干燥、易于流动的微细粉末，由具有灭火效能的无机盐和少量的添加剂经干燥、粉碎、混合而成微细固体粉末组成。干粉灭火剂的灭火机理主要是化学抑制和窒息作用灭火。除扑救金属火灾的专用干粉灭火剂外，常用干粉灭火剂一般分为 BC 干粉灭火剂（适于扑救 B 类和 C 类火灾的干粉灭火剂）和 ABC 干粉灭火剂（适于扑救 A 类、B 类和 C 类火灾的干粉灭火剂）两大类，如碳酸氢钠干粉、改性钠盐干粉、磷酸二氢铵干粉、磷酸氢二铵干粉、磷酸干粉等。

干粉灭火剂主要通过在加压气体的作用下喷出的粉雾与火焰接触、混合时发生的物理、化学作用灭火。一是靠干粉中的无机盐的挥发性分解物与燃烧过程中燃烧物质所产生的自由基或活性基发生化学抑制和负化学催化作用，使燃烧的链式反应中断而灭火；二是靠干粉的粉末落到可燃物表面上，发生化学反应，并在高温作用下形成一层覆盖层，从而隔绝氧气窒息灭火。干粉灭火剂的主要缺点是对于精密仪器火灾易造成污染。

（4）二氧化碳灭火剂。二氧化碳灭火剂是一种气体灭火剂，在自然界中存在也较为广泛，价格低、获取容易，其灭火主要依靠窒息作用和部分冷却作用。二氧化碳灭火剂的主要缺点是灭火需要浓度高，会使人员受到窒息伤害。

2. 常用灭火器

灭火器是由筒体、器头、喷嘴等部件组成，借助驱动压力将所充装的灭火剂喷出，达到灭火的目的，是扑救初起火灾的重要消防器材。灭火器按所充装的灭火剂可分为泡沫、干粉、二氧化碳、酸碱、清水等几类。

（1）泡沫灭火器。泡沫灭火器指灭火器内充装的为泡沫灭火剂，可分为化学泡沫灭火器和空气泡沫灭火器。

化学泡沫灭火器内装硫酸铝（酸性）和碳酸氢钠（碱性）两种化学药剂。使用时，两种溶液混合引起化学反应产生泡沫，并在压力作用下喷射出去进行灭火。空气泡沫灭火器充装的是空气泡沫灭火剂，它的性能优良，保存期长，灭火效力高，使用方便，是化学泡沫灭火器的更新换代产品。它可以根据不同需要充装蛋白泡沫、氟蛋白泡沫、聚合物泡沫、轻水（水成膜）泡沫和抗溶性泡沫等。

泡沫灭火器的适用范围是 A 类、B 类火灾，不适用带电火灾和 C 类、D 类火灾。抗溶泡沫灭火器还可以扑救水溶性易燃、可燃液体火灾。

1）化学泡沫灭火器的使用方法。手提筒体上部的提环靠近火场，在距着火点 10 m 左右，将筒体颠倒过来，一只手握紧提环，另一只手握住筒体的底圈，将射流对准燃烧物。在扑救可燃液体火灾时，如已呈流淌状燃烧，则将泡沫由远及近喷射，使泡沫完全覆盖在燃烧液面上；如在容器内燃烧，应将泡沫射向容器内壁，使泡沫沿容器内壁流淌，逐步覆盖着火液面。切忌直接对准液面喷射，避免由于射流的冲击将燃烧的液体冲出容器而扩大燃烧范围。在扑救固体火灾时，应将射流对准燃烧最猛烈处进行灭火。在使用过程中，灭火器应当始终处于倒置状态，否则会中断喷射。

2）化学泡沫灭火器的维护保养要求。

①放置于阴凉、干燥、通风，并取用方便的部位。不可靠近高温或受日光暴晒，以防碳酸氢钠分解，冬季要防冻，并定期检查喷嘴是否堵塞，使之保持通畅。

②每年定期检查碳酸氢钠溶液是否失效。检查方法是从筒体内取出三份碳酸氢钠溶液，在瓶胆内取出一份硫酸铝溶液，将两种溶液迅速一起到入量杯内，观察产生的泡沫是否大于四份溶液体积的6倍以上。如小于6倍，则应更换灭火剂。

③每次更换灭火剂或使用期已满二年以上的，应每年进行水压试验，试验压力为该灭火器试验压力的1.5倍，试验合格后方可继续使用，并在灭火器上标明试压试验日期。

3）空气泡沫灭火器的使用方法。将灭火器提到距着火物6 m左右，拔出保险销，一手握住开启压把，另一只手紧握喷枪，用力捏紧开启压把，打开密封或刺穿储气瓶密封片，空气泡沫即可从喷枪中喷出。灭火方法与化学泡沫灭火器相同。但与化学泡沫灭火器不同的是，空气泡沫灭火器在使用时，灭火器应当是直立状态的，不可颠倒或横卧使用，否则会中断喷射；也不能松开开启压把，否则也会中断喷射。

4）空气泡沫灭火器的维护保养。

①灭火器应当放置在阴凉、干燥、通风，并取用方便的部位。环境温度应为4～40 ℃，冬季应注意防冻。

②定期检查喷嘴是否堵塞，使之保持通畅。每半年检查灭火器是否有工作压力。对储压式空气泡沫灭火器只需检查压力显示表，如表针指向红色区域即应及时进行修理；对储气瓶式空气泡沫灭火器，则要打开器盖检查二氧化碳储气瓶，检查称重是否与钢瓶上注明的质量一致，如低于钢瓶总质量25 g以上，应当进行检查修理。

③每次更换灭火剂或者出厂已满三年的，应对灭火器进行水压强度试验，水压强度合格才能继续使用。

④灭火器的检查应当由经过培训的专业人员进行，维修应由取得维修许可证的专业单位进行。

（2）二氧化碳灭火器。二氧化碳灭火器利用其内部充装的液态二氧化碳的蒸气压将二氧化碳喷出灭火。由于二氧化碳灭火器具有灭火不留痕迹，并有一定的电绝缘性能等特点，因此更适宜于扑救600 V以下的带电电器、贵重设备、图书资料、仪器仪表等场所的初起火灾，以及一般可燃液体的火灾，其适用范围是A类、B类火灾和低压带电火灾。

1）二氧化碳灭火器的使用方法。在使用二氧化碳灭火器灭火时，将灭火器提到或扛到火场，在距燃烧物5 m左右，放下灭火器，拔出保险销，一手握住喇叭筒根部的手柄，另一只手紧握启闭阀的压把，对没有喷射软管的二氧化碳灭火器，应把喇叭筒往上扳70°~90°，使用时、不能直接用手抓住喇叭筒外壁或金属连接管，以防止手被冻伤。灭火时，当可燃液体呈流淌状燃烧时，使用者应将二氧化碳灭火剂的喷流由近而远向火焰喷射；如果可燃液体在容器内燃烧时，使用者应将喇叭筒提起，从容器的一侧上部向燃烧的容器中喷射，但不能将二氧化碳射流直接冲击在可燃液面上，以防止可燃液体冲出容器而扩大火势，造成灭火困难。

推车式二氧化碳灭火器一般由两个人操作，使用时由两人一起将灭火器推或拉到燃烧处，在离燃烧物10 m左右停下，一人快速取下喇叭筒并展开喷射软管后，握住喇叭筒根部的手柄，另一人快速按顺时针方向旋动手轮，并开到最大位置。灭火方法与手提式灭火器的方法一样。

使用二氧化碳灭火器时，在室外使用的，应选择在上风方向喷射；在室内窄小空间使用的，灭火后操作者应迅速离开，以防窒息。

2）二氧化碳灭火器的维护保养。

①灭火器存放在阴凉、干燥、通风处，不得接近火源，环境温度应为-5~45 ℃。

②灭火器每半年应检查一次质量，用称重法检查。称出的质量与灭火器钢瓶底部打的钢印总质量相比较，如果低于钢印所示量

50 g 以上，应当进行检查修理。

③每次使用后或每隔五年，应送维修单位进行水压强度试验。水压强度试验压力应与钢瓶底部所打钢印的数值相同，水压强度试验同时还应对钢瓶的残余变形率进行测定，只有水压强度试验合格且残余变形率小于 6 的钢瓶才能继续使用。

（3）干粉灭火器。干粉灭火器以液态二氧化碳或氮气作动力，将灭火器内干粉灭火剂喷出进行灭火。它适用于扑救石油及其制品、可燃液体、可燃气体、可燃固体物质的初起火灾等。由于干粉有 5 万伏以上的电绝缘性能，因此也能扑救带电设备火灾。这种灭火器广泛应用于工厂、矿山、油库及交通等场所。

碳酸氢钠干粉灭火器适用于易燃、可燃液体、气体及带电设备的初起火灾；磷酸铵盐干粉灭火器除可用于上述几类火灾外，还可扑救固体类物质的初起火灾。但两者都不能扑救轻金属燃烧的火灾。

1）干粉灭火器的使用方法。在使用干粉灭火器灭火时，可手提或肩扛灭火器快速奔赴火场，在距燃烧物 5 m 左右，放下灭火器。如在室外，应选择在上风方向喷射。使用的干粉灭火器若是外挂式储气瓶的，操作者应一手紧握喷枪，另一手提起储气瓶上的开启提环。如果储气瓶的开启是手轮式的，则按逆时方向旋开，并旋到最高位置，随即提起灭火器。当干粉喷出后，迅速对准火焰的根部扫射。使用的干粉灭火器若是内置式储气瓶或者是储压式，操作者应先将开启把上的保险销拔下，然后握住喷射软管前端喷嘴根部，另一手将开启压把压下，打开灭火器进行喷射灭火。有喷射软管的灭火器或储压式灭火器，在使用时，一手应始终压下压把，不能放开，否则会中断喷射。

干粉灭火器扑救可燃、易燃液体火灾时，应对准火焰根部扫射。如被扑救的液体火灾呈流淌燃烧时，应对准火焰根部由近而远，并左右扫射，直至把火焰全部扑灭。如果可燃液体在容器内燃烧，使用者应对准火焰根部左右晃动扫射，使喷射出的干粉流覆盖整个容器开口表面；当火焰被赶出容器时，使用者仍应继续喷射，直至将火焰全部扑灭。在扑救容器内可燃液体火灾时，应注意不能将喷嘴直接对准液体表面喷射，防止喷流的冲击力使可燃液体喷出而扩大火势，造成灭火困难。如果可燃液体在金属容器内燃烧时间过长，容器壁的温度已高于被扑救可燃液体的自燃点，此时极易造成灭火后复燃的现象，可与泡沫类灭火器联用，灭火效果更佳。

2）干粉灭火器的维护保养。

①灭火器应放置在通风、干燥、阴凉并取用方便的地方，环境温度应为 -5 ~ 45 ℃。

②灭火器应避免高温、潮湿和有严重腐蚀场合，防止干粉灭火剂结块、分解。

③每半年检查干粉是否结块，储气瓶内二氧化碳气体是否泄漏。检查二氧化碳储气瓶，应将储气瓶拆下称重，称出的质量与储气瓶上钢印所标的数值是否相同，如小于所标值 7 g 以上，应当进行检查修理。储压式灭火器检查其内部压力显示表，如指针已在红色区域，则说明内部压力已泄漏无法使用，应赶快送维修部门检修。

4）灭火器一经开启必须再充装，再充装时，绝对不能变换干粉灭火剂的种类，即碳酸氢钠干粉灭火器不能换装磷酸铵盐干粉。

复习思考题

1. 简述燃烧三要素。
2. 简述防火防爆的技术措施。
3. 简述火灾事故处置要点。
4. 干粉灭火剂灭火原理是什么？
5. 如何使用二氧化碳灭火器？
6. 如何使用干粉灭火器？
7. 如何维护保养干粉灭火器？

第八节　电气安全

一、电流对人体的伤害

电流对人体的伤害表现有以下几种：

1. 轻度触电，产生针刺、压迫感，出现头晕、心悸、面色苍白、惊慌、肢体软弱、全身乏力等。

2. 较重者有打击感、疼痛、抽搐、昏迷、休克，伴随心律不齐，迅速转入心搏、呼吸停止的“假死”状态。

3. 小电流引起心室颤动是最致命的危险，可造成死亡。

4. 皮肤通电局部会造成电灼伤。

5. 触电后遗症有中枢神经受损害，可导致失明、耳聋、精神失常、肢体瘫痪等。

二、电气安全要求

触电事故具有突发性和隐蔽性，但也具有一定的规律性。在实践的基础上，不断研究其规律性，采取相应的防护措施，可以有效预防触电事故的发生。

1. 屏蔽和障碍防护

某些开启式开关电器的活动部分不便绝缘，或高压设备的绝缘不能保证人在接近时的安全，应设立屏蔽或障碍防护措施。

将带电部分用遮栏或外壳与外界完全隔开，以避免人从经常接近的方向或任何方向直接触及带电部分。

设置阻挡物用于防止无意的直接接触。如在生产现场采用板状、网状、筛状阻挡物，由于阻挡物的防护功能有限，因此在采用时应附设警告信号灯、警告信号标志等。必要时可设置声、光报警信号及联锁保护装置。

2. 绝缘防护

用绝缘材料将带电部分全部包裹起来，防止在正常工作条件下与任何带电部分接触。所采取的绝缘保护应根据所处环境和应用条件，对绝缘材料规定绝缘性能参数，其中绝缘电阻、泄漏电流、介电强度是最主要的参数。常见的绝缘材料有瓷、云母、橡胶、塑料、棉布、纸、矿物油等。电气设备的绝缘性能由绝缘材料和工作环境决定，其指标为绝缘电阻，绝缘电阻越大，则电气设备泄漏的电流越小，绝缘性能越好。

除设备的绝缘防护外，工作人员应根据需要配备相应的绝缘防护用品，如绝缘手套、绝缘鞋、绝缘垫等。

3. 漏电保护

漏电保护器是一种在设备及线路漏电时，保障人身和设备安全的装置，其作用在于防止由于漏电引起的人身伤害，同时可防止由于漏电引起的设备火灾。通常用在故障情况下的触电保护，但也可作为直接触电防护的补充措施，以便在其他直接防护措施失效或操作者疏忽时实行直接触电防护。

在电源中性直接接地的保护系统中，在规定的场所、设备范围内必须安装漏电保护器和实现漏电保护器的分级保护。对一旦发生漏电切断电源时会造成事故和重大经济损失的装置和场所，应安装报警式漏电保护器。

4. 安全间距

为了防止人体、车辆触及或接近带电体造成事故，防止过电压放电和各种短路事故，国家规定了各种安全间距，大致可分为四种：各种线路的安全距离、变配电设备的安全距离、各种用电设备的安全距离、检修维修时的安全距离。为了防止各种电气事故的发生，带电体与地面之间、带电体与带电体之间、带电体与人体之间、带电体与其他设施设备之间，均应保持安全距离，如架空线路的架设高度应符合有关的规定等。

厂区内起重作业时起重臂可能会触及架空线，导致起重作业区内形成跨步电压，严重威胁作业人员的安全。因此在架空线附近进行起重作业时应严格管理，起重机具及重物与线路导线的最小距离应符合有关的规定。

5. 安全电压

安全电压是制定安全措施的依据，是按人体允许承受的电流和人体电阻值的乘积确定的。一般情况下视摆脱电流 10 mA（交流）为人体允许电流，但在电击可能造成严重二次事故的场合，如水中或高空，允许电流应按不引起人体强烈痉挛的 5 mA 来考虑。人体电阻一般在 1 000 ~ 2 000 Ω，但在潮湿、多汗、多粉尘的情况下，人体电阻只有数百欧姆。因此，当电气设备需要采用安全电压来防止触电事故时，应根据使用环境、人员和使用方式等因素选用不同等级的安全电压。

国内过去多采用 36 V、12 V 两种等级的安全电压。手提灯、危险环境携带式电动工具和局部照明灯，高度不足 2.5 m 的一般照明灯，如无特殊安全结构或安全措施，宜采用 36 V 安全电压。凡用于工作场所狭窄、行动不便及周围有大面积接地导体的环境（如金属容器、管道内）的手提照明灯，应采用 12 V 安全电压。

安全电压应由隔离变压器供电，使输入与输出电路隔离。安全电压电路必须与其他电气系统和任何无关的可导电部分实现电气上的隔离。

6. 保护接地与接零

保护接地是把用电设备在故障情况下可能出现危险的金属部分（如外壳等）用导线与接地体连接起来，使用电设备与大地紧密连通。在电源为三相三线制的中性点不直接接地或单相制的电力系统中，应设保护接地线。

保护接零是把电气设备在正常情况下不带电的金属部分（如外壳等），用导线与低压电网的零线（中性线）连接起来。在电压为三相四线制的变压器中性点直接接地的电力系统中，应采用保护接零。

三、触电事故的急救

触电时应立即切断电源，如不易切断电源，救助者必须使用防止触电的物品，如橡胶手套、橡胶长靴等使自己绝缘后再用干燥的木棒等绝缘的物体将电线拉离触电者，千万不能用手直接拉触电者。离开电源后，把触电者移至安全场所，使其平静地躺下，实施必要的救治，必要时迅速送医院检查治疗。

复习思考题

1. 简述电流对人体的伤害。
2. 简述电气安全要求。

第九节 化工检修作业安全

化工企业生产过程中，受设备条件及工艺要求限制，多数生产设备到一定周期就要进行计划检修，设备运行过程中又常因突然性故障或事故，必须进行不停工或临时停工的检修和抢修。检维修作业是化工企业生产过程的重要环节，也是事故多发环节，针对检维修环节进行安全风险分析，提出有效安全管控措施并落实是杜绝和遏制化工装置检维修环节事故的发生。

化工装置检修具有复杂、危险性大的特点。主要危险有害因素有火灾、爆炸、中毒窒息、高处坠落、物体打击、机械伤害、触电、射线伤害、环境污染等。

一、检修前的准备

1. 成立检修指挥部

大修、中修时，为了加强停车检修工作的集中领导和统一计划，确保停车检修的安全顺利进行，检修前要成立检修指挥部。针对装置检修项目的特点，指挥部成员应明确分工、分片包干、各司其职、各负其责。

2. 制定检修方案

无论是全厂性停车大检修、系统或车间的检修，还是单项工程或单个设备的检修，在检修前均需制定装置停车、检修、开车方案及其安全措施。

3. 检修前的安全教育

检修前，检修指挥部负责向参加检修的全体人员（包括外单位人员、临时工作人员等）进行检修技术方案交底，使其明确检修内容、步骤、方法、质量标准、人员分工、注意事项、存在的危险因素和由此而采取的安全技术措施等，达到分工明确、责任到人，同时还要组织检修人员到检修现场，了解和熟悉现场环境，进一步核实安全措施的可靠性，检修人员经安全教育并考试合格取得“安全（作业）合格证”后才能准许持证参加检修。

4. 检修前的检查

装置停车检修前，应由检修指挥部统一组织，对停车前的准备工作进行一次全面的检查。检查内容主要包括检修方案、检修项目及相应的安全措施、检修机具和检修现场等。

二、装置安全停车

化工装置在停车过程中，要进行降温、降压、降低进料量，一直到切断原料的进料。组织不好、指挥不当或联系不畅、操作失误都容易发生事故。

正常停车按岗位操作执行，较大系统的停车必须编写停车方案，做好检修期间的劳动组织分工及进行检修动员等工作，并严格按照停车方案进行有秩序的停车。在停车操作中应注意以下事项：

1. 大型传动设备的停车，必须先停主机、后停辅机。

2. 系统降压、降温必须按要求的速率、先高压后低压的顺序进行。凡需保温、保压的设备，停车后要按时记录温度、压力的变化。

3. 把握好降量的速度，开关阀门的操作一般要缓慢进行。

4. 高温真空设备的停车必须先破真空，待设备内的介质温度降到自燃点以下后，方可与大气相通，以防空气进入引起介质的燃爆。

5. 设备卸压时，应对周围环境进行检查确认。要注意易燃、易爆、有毒等危险化学品的排放和扩散，防止造成事故。

6. 装置停车时，应尽可能倒空设备及管道内的液体物料。应采取相应措施，不得就地排放或排入下水道中。可燃、有毒气体应排至火炬烧掉。

7. 加热炉的停炉操作，应按工艺规程中规定的降温曲线进行，并注意炉膛各处降温的均匀性。加热炉未全部熄灭或炉膛温度很高时，有引燃可燃气体的危险性，此装置不得进行排空和低点排凝，以免可燃气体飘进炉膛引起爆炸。

三、装置停车后的安全处理

化工装置在停车后应进行盲板抽堵、设备吹扫、置换等工作。

盲板抽堵和吹扫置换工作进行的质量，直接关系到装置的安全检修。

1. 盲板抽堵作业

盲板抽堵作业是在设备、管道上安装和拆卸盲板的作业。

检修设备和运行系统隔离的最保险方法是将与检修设备相连的管道、管道上的阀门、伸缩接头可拆部分拆卸，再在管路侧的法兰上装设盲板。如果不可拆卸或拆卸十分困难，则应在和检修设备相连的管道法兰接头之间插入盲板。

（1）作业前，危险化学品企业应预先绘制盲板位置图，对盲板进行统一编号，并设专人统一指挥作业。

（2）在不同危险化学品企业共用的管道上进行盲板抽堵作业，作业前应告知上下游相关单位。

（3）作业单位应根据管道内介质的性质、温度、压力和管道法兰密封面的口径选择相应材料、强度、口径和符合设计、制造要求的盲板及垫片，高压盲板使用前应经超声波探伤；盲板选用应符合《管道用钢制插板、垫环、8 字盲板系列》（HG/T 21547—2016）或《阀门零部件　高压盲板》（JB/T 2772—2008）的要求。

（4）作业单位应按位置图进行盲板抽堵作业，并对每个盲板进行标识，标牌编号应与盲板位置图上的盲板编号一致，危险化学品企业应逐一确认并做好记录。

（5）作业前，应降低系统压力至常压，保持作业现场通风良好，并设专人监护。

（6）在火灾爆炸危险场所进行盲板抽堵作业时，作业人员应穿防静电工作服、工作鞋，并使用防爆工具；距盲板抽堵作业地点 30 m 内不应有动火作业。

（7）在强腐蚀性介质的管道、设备上进行盲板抽堵作业时，作业人员应采取防止酸碱化学灼伤的措施。

（8）在介质温度较高或较低、可能造成人员烫伤或冻伤的管道、设备上进行盲板抽堵作业时，作业人员应采取防烫、防冻措施。

（9）在有毒介质的管道、设备上进行盲板抽堵作业时，应按

《个体防护装备配备规范 第1部分：总则》（GB 39800.1—2020）的要求选用防护用具。在涉及硫化氢、氯气、氨气、一氧化碳及氰化物等毒性气体的管道、设备上进行作业时，除满足上述要求外，还应佩戴便携移动式气体检测仪。

（10）不应在同一管道上同时进行两处或两处以上的盲板抽堵作业。

（11）同一盲板的抽堵作业，应分别办理盲板抽堵安全作业票，一张作业票只能进行一块盲板的一项作业。

（12）盲板抽堵作业结束，由作业单位和危险化学品企业专人共同确认。

2. 置换作业

为保证检修动火和设备内作业的安全，设备检修前内部的易燃、有毒气体应进行置换；酸碱等腐蚀性液体应该中和；为保证罐内作业安全和防止设备腐蚀，经过酸洗或碱洗后的设备，还应进行中和处理。

易燃、有毒有害气体的置换，大多采用蒸汽、氮气等惰性气体作为置换介质，也可采用“注水排气”法将易燃有害气体压出，达到置换要求。设备经惰性气体置换后，工作人员若需要进入其内部工作，则事先必须用空气置换惰性气体以防窒息。

3. 设备清扫和清洗

经过置换等作业方法清除的沉积物，利用蒸汽、热水或碱液等进行蒸煮、溶解、中和等方法将沉积的可燃、有毒物质清除干净。

（1）人工揩擦或铲刮。对某些设备内部的沉积物可用人工揩擦、铲刮的方法清除。进行此项作业时，设备应符合设备内作业安全规定。若沉积物是可燃物或酸性容器壁上的污物和残酸，则应用木质、铜质、铝质等不产生火花的铲、刷、钩等工具，若是有毒的沉积物应做好个人防护，必要时需戴好防毒面具后再作业。应及时清扫并妥善处理铲刮下来的沉积物。

（2）用蒸汽或高压热水清扫。油罐的清扫通常采用蒸汽或高压喷射的方法清洗掉罐壁上的沉积物，但必须防止静电火花引起燃烧、爆炸。蒸汽一般宜用低压饱和蒸汽，蒸汽和高压热水管道应用导线和槽罐连接起来并接地。用蒸汽或热水清扫后，入罐前应让其充分冷却以防止烫伤。油类设备管道的清洗可以用氢氧化钠溶液，用量为每千克水加入80～120 g氢氧化钠，用此浓度的碱液清洗几遍或通入蒸汽煮沸，再将碱液除去用水洗涤。溶解固体氢氧化钠时，应将碱片或碱碎块分批多次逐渐加入清水，同时缓慢搅动，待全部碱块加入溶解后，方可通蒸汽煮沸，绝不能先将碎碱块放入设备或管道内再加水。对汽油桶一类的油类容器，可以用蒸汽吹洗。

（3）化学清洗。为检修安全和防止设备的腐蚀、过热，对设备管道内的泥垢、油垢、水垢和铁锈等沉积物和附着物可以用化学清洗的方法除去。常用的有碱洗法，如在氢氧化钠、磷酸钠、碳酸钠溶液内加入适量的表面活性剂。酸洗法，如用盐酸加缓蚀剂、柠檬酸等有机酸清洗。还可用碱洗和酸洗交替等方法。对氧化铁类沉积物的清洗，如果设备内部有油垢时，先进行碱洗，然后用清水洗涤，接着进行酸洗。对氧化铁、铜及氧化铜类沉积物清洗，沉积物中除氧化铁外还有铜或氧化铜等物质，仅用酸洗法不能清除，应先用氨溶液除去沉积物中的铜，然后进行酸洗，因为铜和铜的氧化物污垢和铁的氧化物大都呈现层叠状积附，故交替使用氨水和酸类进行清洗。如果铜或铜的氧化物污垢积附较多，在酸洗时一定要添加铜离子封闭剂，以防因铜离子的电极沉积引起腐蚀。对硫化铁沉积物进行清洗时，在石油化工装置中除硫化铁沉积物外，还积附氧化铁类沉积物，这类沉积物中大多数是氧化铁、硫化铁以混合状态积附，其中还含有少量油分，沉积物较为坚硬，清洗时，先将设备加热到300 ℃左右，时间为2～3 h，使沉积物裂化除去油分，再进行酸洗。加热时应控制温度，防止设备管道过热。酸洗时由于有硫化氢气体产生，必须另设管道处理防止中毒。对碳酸盐类水垢的清洗，锅炉受热面上若结有碳酸盐水垢，可用盐酸加缓蚀剂的方法清洗。在配制酸洗液时应注意个人防护。酸洗液放入锅炉宜分两次，先灌入一半，若锅炉内反应不是很激烈，则可将另一半灌入。打开锅筒上的放空阀（或其他阀门）以便使酸洗过程中产生的气体排出，采用化学清洗后的废液应予以处理后方可排放。一般需将废液进行稀释沉淀、过滤等，使污染物浓度降低到允许的排放标准后排放；或采用化学药品，通过中和、氧化、还原、凝聚、吸附及离子交换等方法把酸性或碱性废液处理至符合排放标准后排放；或排入全厂性的污水处理系统，统一处理后排放。

四、检修中的特殊作业

特殊作业是危险化学品企业生产经营过程中可能涉及的动火、进入受限空间、盲板抽堵、高处作业、吊装、临时用电、动土、断路等，对作业者本人、他人及周围建（构）筑物、设备设施可能造成危害或损毁的作业。

1. 动火作业

动火作业是在直接或间接产生明火的工艺设施以外的禁火区内从事可能产生火焰、火花或炽热表面的非常规作业。包括使用电焊、气焊（割）、喷灯、电钻、砂轮、喷砂机等进行的作业。

（1）作业分级。

固定动火区外的动火作业分为特级动火、一级动火和二级动火三个级别；遇节假日、公休日、夜间或其他特殊情况，动火作业应升级管理。

1）特级动火作业。在火灾爆炸危险场所处于运行状态下的生产装置设备、管道、储罐、容器等部位上进行的动火作业（包括带压不置换动火作业）；存有易燃易爆介质的重大危险源罐区防火堤内的动火作业。

2）一级动火作业。在火灾爆炸危险场所进行的除特级动火作业以外的动火作业，管廊上的动火作业按一级动火作业管理。

3）二级动火作业。除特级动火作业和一级动火作业以外的动火作业。

生产装置或系统全部停车，装置经清洗、置换、分析合格并采取安全隔离措施后，根据其火灾、爆炸危险性大小，经危险化学品企业生产负责人或安全管理负责人批准，动火作业可按二级动火作业管理。

4）特级、一级动火安全作业票有效期不应超过 8 h；二级动火安全作业票有效期不应超过 72 h。

（2）作业基本要求。

1）动火作业应有专人监护，作业前应清除动火现场及周围的易燃物品，或采取其他有效安全防火措施，并配备消防器材，满足作业现场应急需求。

2）凡在盛有或盛装过助燃或易燃易爆危险化学品的设备、管道等生产、储存设施及本文件规定的火灾爆炸危险场所中生产设备上的动火作业，应将上述设备设施与生产系统彻底断开或隔离，不应以水封或仅关闭阀门代替盲板作为隔断措施。

3）拆除管线进行动火作业时，应先查明其内部介质危险特性、工艺条件及其走向，并根据所要拆除管线的情况制定安全防护措施。

4）动火点周围或其下方如有可燃物、电缆桥架、孔洞、窨井、地沟、水封设施、污水井等，应检查分析并采取清理或封盖等措施；对于动火点周围 15 m 范围内有可能泄漏易燃、可燃物料的设备设施，应采取隔离措施；对于受热分解可产生易燃易爆、有毒有害物质的场所，应进行风险分析并采取清理或封盖等防护措施。

5）在有可燃物构件和使用可燃物做防腐内衬的设备内部进行动火作业时，应采取防火隔绝措施。

6）在作业过程中可能释放出易燃易爆、有毒有害物质的设备上或设备内部动火时，动火前应进行风险分析，并采取有效的防范措施，必要时应连续检测气体浓度，发现气体浓度超限报警时，应立即停止作业；在较长的物料管线上动火，动火前应在彻底隔绝区域内分段采样分析。

7）在生产、使用、储存氧气的设备上进行动火作业时，设备内氧含量不应超过 23.5%（体积分数）。

8）在油气罐区防火堤内进行动火作业时，不应同时进行切水、取样作业。

9）动火期间，距动火点 30 m 内不应排放可燃气体；距动火点 15 m 内不应排放可燃液体；在动火点 10 m 范围内、动火点上方及下方不应同时进行可燃溶剂清洗或喷漆作业；在动火点 10 m 范围内不应进行可燃性粉尘清扫作业。

10）在厂内铁路沿线25 m以内动火作业时，如遇装有危险化学品的火车通过或停留时，应立即停止作业。

11）特级动火作业应采集全过程作业影像，且作业现场使用的摄录设备应为防爆型。

12）使用电焊机作业时，电焊机与动火点的间距不应超过10 m，不能满足要求时应将电焊机作为动火点进行管理。

13）使用气焊、气割动火作业时，乙炔瓶应直立放置，不应卧放使用；氧气瓶与乙炔瓶的间距不应小于5 m，二者与动火点间距不应小于10 m，并应采取防晒和防倾倒措施；乙炔瓶应安装防回火装置。

14）作业完毕后应清理现场，确认无残留火种后方可离开。

15）遇五级风以上（含五级风）天气，禁止露天动火作业；因生产确需动火，动火作业应升级管理。

16）涉及可燃性粉尘环境的动火作业应满足《粉尘防爆安全规程》（GB 15577—2018）的要求。

（3）动火分析及合格判定指标。

1）动火作业前应进行气体分析，要求如下：

①气体分析的检测点要有代表性，在较大的设备内动火，应对上、中、下（左、中、右）各部位进行检测分析；

②在管道、储罐、塔器等设备外壁上动火，应在动火点10 m范围内进行气体分析，同时还应检测设备内气体含量；在设备及管道外环境动火，应在动火点10 m范围内进行气体分析；

③气体分析取样时间与动火作业开始时间间隔不应超过30 min；

④特级、一级动火作业中断时间超过30 min，二级动火作业中断时间超过60 min，应重新进行气体分析；每日动火前均应进行气体分析；特级动火作业期间应连续进行监测。

2）动火分析合格判定指标为：

①当被测气体或蒸气的爆炸下限大于或等于4%时，其被测浓度应不大于0.5%（体积分数）；

②当被测气体或蒸气的爆炸下限小于4%时，其被测浓度应不

大于 0.2%（体积分数）。

2. 受限空间作业

受限空间作业是进入或探入受限空间进行的作业。受限空间是进出受限，通风不良，可能存在易燃易爆、有毒有害物质或缺氧，对进入人员的身体健康和生命安全构成威胁的封闭、半封闭设施及场所。

（1）作业前，应对受限空间进行安全隔离，要求如下：

1）与受限空间连通的可能危及安全作业的管道应采用加盲板或拆除一段管道的方式进行隔离，不应采用水封或关闭阀门代替盲板作为隔断措施；

2）与受限空间连通的可能危及安全作业的孔、洞应进行严密封堵；

3）对作业设备上的电器电源，应采取可靠的断电措施，电源开关处应上锁并加挂警示牌。

（2）作业前，应保持受限空间内空气流通良好，可采取如下措施：

1）打开人孔、手孔、料孔、风门、烟门等与大气相通的设施进行自然通风；

2）必要时，可采用强制通风或管道送风，管道送风前应对管道内介质和风源进行分析确认；

3）在忌氧环境中作业，通风前应对作业环境中与氧性质相抵的物料采取卸放、置换或清洗合格的措施，达到可以通风的安全条件要求。

（3）作业前，应确保受限空间内的气体环境满足作业要求，内容如下：

1）作业前 30 min 内，对受限空间进行气体检测，检测分析合格后方可进入；

2）检测点应有代表性，容积较大的受限空间，应对上、中、下（左、中、右）各部位进行检测分析；

3）检测人员进入或探入受限空间检测时，应佩戴规定的个体防护装备；

4）涂刷具有挥发性溶剂的涂料时，应采取强制通风措施；

5）不应向受限空间充纯氧气或富氧空气；

6）作业中断时间超过 60 min 时，应重新进行气体检测分析。

（4）受限空间内气体检测内容及要求如下：

1）氧气含量为 19.5%~21%（体积分数），在富氧环境下不应大于 23.5%（体积分数）；

2）有毒物质允许浓度应符合《工作场所有害因素职业接触限值 第1部分：化学有害因素》（GBZ 2.1—2019）的规定；

3）可燃气、蒸气浓度要求应符合相关的规定。

（5）作业时，作业现场应配置移动式气体检测报警仪，连续检测受限空间内可燃气体、有毒气体及氧气浓度，并 2 h 记录 1 次；气体浓度超限报警时，应立即停止作业、撤离人员、对现场进行处理，重新检测合格后方可恢复作业。

（6）进入受限空间作业人员应正确穿戴相应的个体防护装备。进入下列受限空间作业应采取如下防护措施：

1）缺氧或有毒的受限空间经清洗或置换达不到要求的，应佩戴满足《呼吸防护用品的选择、使用与维护》（GB/T 18664—2002）要求的隔绝式呼吸防护装备，并正确使用救生绳；

2）易燃易爆的受限空间经清洗或置换达不到要求的，应穿防静电工作服及工作鞋，使用防爆工器具；

3）存在酸碱等腐蚀性介质的受限空间，应穿戴防酸碱防护服、防护鞋、防护手套等防腐蚀装备；

4）在受限空间内从事电焊作业时，应穿绝缘鞋；

5）有噪声产生的受限空间，应佩戴耳塞或耳罩等防噪声护具；

6）有粉尘产生的受限空间，应在满足《粉尘防爆安全规程》（GB 15577—2018）要求的条件下，按《个体防护装备配备规范 第1部分：总则》（GB 39800.1—2020）要求佩戴防尘口罩等防尘护具；

7）高温的受限空间，应穿戴高温防护用品，必要时采取通风、隔热等防护措施；

8）低温的受限空间，应穿戴低温防护用品，必要时采取供暖措施；

9）在受限空间内从事清污作业，应佩戴隔绝式呼吸防护装备，并正确使用救生绳；

10）在受限空间内作业时，应配备相应的通信工具。

（7）当一处受限空间存在动火作业时，该处受限空间内不应安排涂刷油漆、涂料等其他可能产生有毒、有害、可燃物质的作业活动。

（8）对监护人的特殊要求：

1）监护人应在受限空间外进行全程监护，不应在无任何防护措施的情况下探入或进入受限空间；

2）在风险较大的受限空间作业时，应增设监护人员，并随时与受限空间内作业人员保持联络；

3）监护人应对进入受限空间的人员及其携带的工器具种类、数量进行登记，作业完毕后再次进行清点，防止遗漏在受限空间内。

（9）受限空间作业应满足的其他要求：

1）受限空间出入口应保持畅通；

2）作业人员不应携带与作业无关的物品进入受限空间；作业中不应抛掷材料、工器具等物品；在有毒、缺氧环境下不应摘下防护面具；

3）难度大、劳动强度大、时间长、高温的受限空间作业应采取轮换作业方式；

4）接入受限空间的电线、电缆、通气管应在进口处进行保护或加强绝缘，应避免与人员使用同一出入口；

5）作业期间发生异常情况时，未穿戴规定个体防护装备的人员严禁入内救援；

6）停止作业期间，应在受限空间入口处增设警示标志，并采取防止人员误入的措施；

7）作业结束后，应将工器具带出受限空间。

（10）受限空间安全作业票有效期不应超过 24 h。

3. 临时用电作业

临时用电是在正式运行的电源上所接的非永久性用电。

（1）在运行的火灾爆炸危险性生产装置、罐区和具有火灾爆炸危险场所内不应接临时电源，确需时应对周围环境进行可燃气体检测分析，分析结果应符合相关规定。

（2）各类移动电源及外部自备电源，不应接入电网。

（3）在开关上接引、拆除临时用电线路时，其上级开关应断电、加锁，并挂上安全警示标牌，接、拆线路作业时，应有监护人在场。

（4）临时用电应设置保护开关，使用前应检查电气装置和保护设施的可靠性。所有的临时用电均应设置接地保护。

（5）临时用电设备和线路应按供电电压等级和容量正确配置、使用，所用的电气元件应符合国家相关产品标准及作业现场环境要求，临时用电电源施工、安装应符合《建设工程施工现场供用电安全规范》（GB 50194—2014）的相关要求，并有良好的接地。

（6）临时用电还应满足如下要求。

1）火灾爆炸危险场所应使用相应防爆等级的电气元件，并采取相应的防爆安全措施。

2）临时用电线路及设备应有良好的绝缘，所有的临时用电线路应采用耐压等级不低于 500 V 的绝缘导线。

3）临时用电线路经过火灾爆炸危险场所以及有高温、振动、腐蚀、积水及产生机械损伤等区域，不应有接头，并应采取相应的保护措施。

4）临时用电架空线应采用绝缘铜芯线，并应架设在专用电杆或支架上，其最大弧垂与地面距离，在作业现场不低于 2.5 m，穿越机动车道不低于 5 m。

5）沿墙面或地面敷设电缆线路应符合下列规定：

①电缆线路敷设路径应有醒目的警告标志；

②沿地面明敷的电缆线路应沿建筑物墙体根部敷设，穿越道路或其他易受机械损伤的区域，应采取防机械损伤的措施，周围环境应保持干燥；

③在电缆敷设路径附近，当有产生明火的作业时，应采取防止火花损伤电缆的措施。

6）对需埋地敷设的电缆线路应设有走向标志和安全标志。电缆埋地深度不应小于0.7 m，穿越道路时应加设防护套管。

7）现场临时用电配电盘、箱应有电压标志和危险标志，应有防雨措施，盘、箱、门应能牢靠关闭并上锁管理。

8）临时用电设施应安装符合规范要求的漏电保护器，移动工具、手持式电动工具应逐个配置漏电保护器和电源开关。

（7）未经批准，临时用电单位不应向其他单位转供电或增加用电负荷，以及变更用电地点和用途。

（8）临时用电时间一般不超过15天，特殊情况不应超过30天；用于动火、受限空间作业的临时用电时间应和相应作业时间一致；用电结束后，用电单位应及时通知供电单位拆除临时用电线路。

4. 高处作业

高处作业是在距坠落基准面2 m及2 m以上有可能坠落的高处进行的作业。坠落基准面是指坠落处最低点的水平面。

（1）高处作业人员应正确佩戴符合《建设工程施工现场供用电安全规范》（GB 6095—2014）要求的安全带及符合《坠落防护　安全绳》（GB 24543—2009）要求的安全绳，30 m以上高处作业应配备通信联络工具。

（2）高处作业应设专人监护，作业人员不应在作业处休息。

（3）应根据实际需要配备符合安全要求的作业平台、吊笼、梯子、挡脚板、跳板等；脚手架的搭设、拆除和使用应符合《建筑施工脚手架安全技术统一标准》（GB 51210—2016）的要求。

（4）高处作业人员不应站在不牢固的建（构）筑物上进行作业；在彩钢板屋顶、石棉瓦、瓦楞板等轻型材料商作业，应铺设牢固的脚手板并加以固定，脚手板上要有防滑措施；不应在未固定、无防护设施的构件及管道上进行作业或通行。

（5）在邻近排放有毒、有害气体、粉尘的放空管线或烟囱等场所进行作业时，应预先与作业属地生产人员取得联系，并采取有效的安全防护措施，作业人员应配备必要的符合国家相关标准的防护用品（如隔绝式呼吸防护装备、过滤式防毒面具或口罩等）。

（6）雨天和雪天作业时，应采取可靠的防滑、防寒措施；遇有五级风以上（含五级风）、浓雾等恶劣天气，不应进行高处作业、露天攀登与悬空高处作业；暴风雪、台风、暴雨后，应对作业安全设施进行检查，发现问题立即处理。

（7）作业使用的工具、材料、零件等应装入工具袋，上下时手中不应持物，不应投掷工具、材料及其他物品；易滑动、易滚动的工具、材料堆放在脚手架上时，应采取防坠落措施。

（8）在同一坠落方向上，一般不应进行上下交叉作业，如需进行交叉作业，中间应设置安全防护层，坠落高度超过 24 m 的交叉作业，应设双层防护。

（9）因作业需要，须临时拆除或变动作业对象的安全防护设施时，应经作业审批人员同意，并采取相应的防护措施，作业后应及时恢复。

（10）拆除脚手架、防护棚，应设警戒区并派专人监护，不应上下同时施工。

（11）安全作业票的有效期最长为 7 天。当作业中断，再次作业前，应重新对环境条件和安全措施进行确认。

复习思考题

1. 简述动火作业的定义及作业分级。
2. 简述动火作业前气体分析要求。
3. 简述动火分析合格判定指标。
4. 什么是受限空间作业？
5. 简述受限空间作业前的安全要求。
6. 简述进入受限空间作业人员穿戴相应的个体防护装备的要求。
7. 简述临时用电的安全要求。

8. 什么是高处作业？

9. 简述高处作业的安全措施。

第十节　安全心理及习惯性违章

随着生产形势的多样性，生产活动的复杂性，以及生产技术、生产工艺、生产设备等不断更新，生产环境及生产条件不断改良，对人在生产中的安全素质要求越来越高。人的不安全行为是导致安全生产事故的主要诱因，造成生产中不安全的因素大量存在。为了把事故发生率降到最低，能够在生产劳动中保护人的安全与健康，除了研究安全技术措施，安全设施设备质量和安全管理等措施之外，更需要研究生产过程中人的心理活动及其规律。探研事故发生中，矫正人的心理状态及预防对策，才能从根本上改进和提高生产与安全的现状水准。心理素质与安全有很密切的联系，心理素质高的职工，不仅能保证安全操作，生产效率高，而且在处理事故、防止事故扩大方面要比低心理素质的职工强得多。

一、事故与心理因素的关系

在生产实践中，我们常常在分析事故时说某责任者“注意力不集中”“脑袋发热”“瞎胡闹”等，其实这正是分析事故原因中的心理因素。任何事故都是由人、机、环境三个方面的原因组成的，其中人的因素中包括了心理因素和生理因素。有些人易激动、暴躁、爱任性。这种人极易在受到强刺激时，产生激情，任性而做出冒险盲干的不安全动作来，此时，他的头脑中已经不存在什么“安全第一”“规章制度”，造成事故后，就会后悔，甚至失声痛哭。

许多事故不仅要分析物质方面的原因，还要分析人的不安全行为和导致不安全行为的心理因素，才能找出预防人为原因重复发生的关键。人的安全心理与事故的发生是密不可分的。安全心理良好的人在面对紧急情况时会更加冷静，采取更加合适的行动，并能够通过提高自身的认知能力来避免事故的发生。相反，安全心理不好的人可能会出现恐惧和惊慌的情绪，导致事故的发生。

二、安全心理

人的心理活动对其在工作中的影响是显而易见的，包括了他的个人感觉、知觉、记忆、情绪、情感、意志、注意力、需要、动机、兴趣、性格、气质、能力等心理问题。

三、工作中常见的不安全心理因素

1. 侥幸心理

侥幸心理就是妄图通过偶然的原因去取得成功或避免灾害。人们产生侥幸的原因主要包括以下两方面。

（1）错误的经验。例如某种事故从未发生或多年未发生，人们心理上的危险感觉便会减弱，因而容易产生麻痹心理，导致事故的发生。

（2）在思想方法上错误的运用小概率论错误思想。事故的出现存在小概率随机规律，根据统计，每 300 次生产事故中包含一次人身事故，每 59 次人身事故包含一次重大事故，每 169 次人身事故包含一次死亡事故，这说明事故是存在于小概率之中的。如果认为概率小，不可能发生，而存在侥幸心理，也许当次幸免于难，但是随之养成的不安全动作和习惯，势必在今后工作中暴露在小概率之中而导致事故的发生。因此，我们要坚决杜绝侥幸心理，保证生产的安全进行。

2. 省能心理

省能心理使人们在长期生活中，养成了一种习惯性地干任何事总是要以较少的能量获得最大的效果，这种心理对于技术改革之类的工作是有积极意义的，但是在生产工作中，这种心理将会导致不良后果。许多事故都是在抄近路、图方便、嫌麻烦、怕啰唆等省能心理状态下发生的。

3. 逆反心理

在某种特定情况下，某些人的言行在好奇心、好胜心、求知欲、思想偏见、对抗情绪等因素的作用下，产生一种与常态行为相反的对抗心理反应，即所谓的逆反心理。例如，要某工人按操作规程进行操作，但他自恃技术颇佳，偏不按要求去做；或者要求某工人在不了解操作规程的情况下不要动手操作，但他却在好奇心的驱动下违反要求，往往就会造成事故的发生。因此，我们要克服生产中的不良逆反心理，严格恪守规程，减少事故的发生。

4. 凑兴心理

凑兴心理是人在社会群体生活、生产中产生的一种人际关系反映，从凑兴中获得满足，常会导致一些无节制的不理智行为。如上班凑热闹、开飞车、跳车、乱摸设备信号、工作期间嬉笑等凑兴行为，都是发生事故的隐患。由凑兴而违章的情况多发生在青年工人身上，他们精力旺盛、生性好动，加之缺乏安全知识和经验，常有些意想不到的违章行为。因此，经常以生动的方式加强对青年工人的安全规章制度教育，以控制无节制的凑兴行为。

5. 从众心理

从众心理也是人们在适应群体生活中产生的一种反映，不从众则感到有一种精神压力。由于从众心理，不安全行为或行动很容易被他人效仿。如果有些人在不遵守安全操作规程后并未发生事故，那么同班组的其他人也可能跟着不按规程操作，否则就有可能被别人说技术不行或胆小鬼。这种从众心理严重地威胁着安全生产。因此，要大力提倡和扶植班组内遵章守纪的正气，在违章行为刚刚产生之时就予以坚决纠正，以防止从众违章行为的发生和蔓延。

6. 麻痹心理

其表现特征是：由于是经常干的工作，所以习以为常，并不感到有什么危险；此工作已干过多次，因此满不在乎；没有注意反常现象，照常操作；责任心不强，得过且过。在这些心理支配下，沿用习惯的方式作业，凭经验行事，放松对危险的警惕，终会酿成灾祸。

7. 自私心理

这种心理与人的品德、责任感、修养、法制观念有关。它是以自我为核心，只要我方便而不顾他人，不计后果。例如，某矿工偷走挂在溜井旁的安全照明灯，致使另一工人掉进井内死亡。这是影响安全生产的极重要因素。因此，要对职工进行道德、理想、遵章守纪等安全文明教育，使他们树立正确的道德观和人生观。

四、产生不安全心理的原因

1. 激情、冲动、喜冒险

具有这种心理的人大多属于胆汁质类型的气质。这种人好奇心强，只要有人在语言上、情感上挑逗，就易产生冲动，置规章制度于不顾，在自己不懂、不会、不熟练的情况下，冒险开动他人的设备，或做出其它冒险的事。

2. 训练、教育不够、无上进心

这类人在性格上较懒惰，不愿学习，属抑郁质型气质。他们和其他工人一齐进厂、培训，但学习上不求进取，动作不熟练，头脑与手脚配合不灵，遇事易慌张，本来可以避免的事故会导致发生、发展、造成严重后果。

3. 智能低、无耐心、缺乏自卫心、无安全感

这种人对外界事物的反应慢，动作迟缓，大多数黏液质类型。他们在工作中接受新事物慢，墨守成规，极易习惯性违章作业。

4. 涉及家庭原因，心境不好

人是生活在社会生活中的，因而，一些抑郁质类型的人受到家庭、朋友之间交往方面的影响和打击，不轻易向他人吐露情感，闷在心里，造成心境不佳，而在工作中顾虑这些琐事，造成忽视安全，忽视警告信号的不安全行为，导致事故发生。

5. 恐惧、顽固、报复或身心有缺陷

造成这种心理状态或情感上的畸形，不仅与人的性格有关，也与社会因素有关。有的人长期生活在家庭生活不正常的气氛中，或政治上、社会关系上受到歧视，会产生心理畸变，在工作中以假想敌为对象发泄自己的愤慨，这种人可能会有意无意造成设备损坏或人身伤害。

6. 工作单调，或单调的业余生活

具有多血质类型的人喜爱新奇的事物，追求刺激，这类人不易在长期、无休止的单调作业中生活。但现在的大生产往往分工较细，简单的工作、单调的作业环境会使这类人感到苦闷，他们要求有新的、未知的东西刺激神经，激发新的热情，否则，就会做出与工作程序不相干的不安全行为来。

人是社会生活中的人，人有七情六欲，从全局看，人在社会生活中的政治、经济、家庭地位对其安全心理与行为有着极其重要的影响；从局部来看，他所处的工作环境中温度、湿度、照明、噪声、色调等小因素，又直接干扰了他的工作效率和安全程度，因此，作为生产管理者就要注意创造好的环境条件，使工人能在良好的环境中工作，产生注意力集中、情绪正常、热情饱满的心理状态，以保证工人遵章作业，提高效率，安全生产。

五、习惯性违章

1. 习惯性违章的含义及分类

习惯性违章是指那些固守旧有的不良作业传统和工作习惯，违反安全工作规程的行为，它是诱发责任事故的土壤和温床。

习惯性违章是一种长期沿袭下来的违章行为，它实际上是一种违反安全生产工作客观规律的盲目的行为方式，或没有认识，或随心所欲，但都习以为常、习惯成自然。按照违章的性质，可以划分为以下几种。

（1）习惯性违章操作。在正常的设备操作时，有些操作人员养成了有章不循、随心所欲的习惯做法，对规定的操作程序、要领和安全注意事项置之不理，认为是大惊小怪，不需如此烦琐。因此经常按照一些不良的（但自认为是正确的）或“传统”做法进行操作，致使险情频发，甚至导致事故。

（2）习惯性违章作业。习惯性违章作业是指违反安全操作规程，按照不良的工作习惯，随心所欲地进行施工。有些人认为“只要不出问题无论采用什么样的施工方法都行”，这说明确实有人自觉或不自觉地用自己的习惯工作方法，取代了安全操作规程中的有关规定，对正确的作业方式反而感到不习惯。

（3）习惯性违章指挥。习惯性违章指挥是指工作负责人或有关部门的管理者在不太了解施工现场的情况下，追求经济效益思想严重，没有充分地认识安全生产的重要性，违反安全操作规程要求，按照自己的意志或仅凭想象进行指挥。

2. 习惯性违章特点

（1）顽固性。习惯性违章是受一定的心理支配的，并且是一种习惯性动作方式，因而它具有顽固性、多发性的特点。例如，进入施工现场应戴好安全帽，高空作业必须正确系好安全带等措施讲了多少年，但实际总有一部分人员有章不循，进入施工现场不正确佩戴安全帽，高处作业不系安全带，还辩解说“多少年都这样干下来了，也未见出什么问题”“哪有这么巧，上面掉的东西正好打在头上，几十年过来了，我们不是这样在做吗”等，一旦出了事故还怪运气不好。事实证明纠正一种具体的违章行为比较容易，但要改变或消除受心理支配的不良习惯并非易事，需要经过长期的努力，才能纠正不良的工作习惯。

（2）隐蔽性。一些习惯性违章行为往往不是行为者有意所为，而是习惯成自然的结果，由于违章成了习惯，操作人员往往对自己的操作行为浑然不知，安全管理人员或其他员工甚至也对这种操作习惯习以为常，根本没有当回事，“身在险中不知险”，容易使人对违章现象丧失警惕性。

（3）排他性。有习惯性违章的人员固守不良的传统做法，总认为自己的习惯性工作方式“管用”“省力”，而不愿意接受新的工艺和操作方式，即使是被动参加过培训，但还是“旧习不改”。

（4）传染性。对现有一些职工存在的习惯性违章行为进行分析，发现他们身上的一些“不良习惯行为方式”不是他们自己“发明”的，而是从老职工身上“学来”的，看到老职工违章操作“既省力、又没出事”，自己也盲目的仿效，而且又用自己的习惯性行为方式去影响新的职工。以至于这些不良的习惯性行为方式如不彻底根除，必然导致一脉相传，代代如此。

习惯性违章与事故之间已经构成了因果关系，换句话说，习惯性违章是造成事故的一大根源，一些事故是习惯性违章的必然结果。由于习惯性违章的存在造成了某些单位一些同类事故的重复出现，事故成因几乎也大同小异。所以说习惯性违章危害极大，既有害于国家和企业，也有害于职工个人和家庭，因此一定要对习惯性违章疾恶如仇，一经发现，就必须坚决纠正。

3. 习惯性违章的表现形式

（1）不懂装懂型。对所从事岗位的安全技术操作规程不认真学习，一知半解，不求甚解，把以往形成的习惯当成了工作经验，意识不到自己所犯的错误，甚至以讹传讹告诉别人，让他人也跟着违章，长此以往即形成了习惯性违章。

（2）明知故犯型。安全规程讲得头头是道，只是在行动上却对不上号，明知自己的做法违章，可为了图省事、怕麻烦，依然我行我素，坚持不良习惯，还美其名曰灵活运用，造成人为违章。

（3）胆大冒险型。这种人曲解了一不怕苦，二不怕死的精神，信奉所谓“胆小不得将军做”“只要敢闯没有过不去的火焰山”等理念，把违章行为当成是个人英雄主义，别人不敢干的他敢干。这种随心所欲的严重违反安全规程的作业极易造成事故。

（4）盲目从众型。在生产操作过程中明知有违章行为，但认为法不责众，别人都这样干没有出事，我随大流也不会出事，意识不到安全隐患和危险的存在。

（5）心存侥幸型。违章操作是容易造成事故的，然而有些人却认识不到这一点，事事存在侥幸心理，认为不是每个人、每次违章作业就一定要出事故，自己脑袋灵活，反应快，该投机时便投机，该取巧时就取巧，即使有事也不会正好落在自己身上。

（6）不拘小节型。干什么工作都马马虎虎，粗心大意，不修边幅，不拘小节，习惯成自然，对待安全生产也不例外。这种人对所从事的工作环境检查不认真，干起活来漫不经心，殊不知一旦某种条件具备便会导致事故的发生。

（7）急功近利型。有些人进入工作地点，不问青红皂白，不对周边环境条件了解，不管有无防范措施，拿起工具就干活。

（8）得过且过型。这种人整天稀里糊涂混日子，无所用心，得过且过，安全隐患完全不放在心上，今天能过得去就不管明天，这一班能过得去就不问下一班，把生产任务完成就心满意足了。

4. 习惯性违章的预防

（1）加大安全教育力度，不断提高职工的安全意识。安全教育是企业安全生产的重要基础工作之一，是安全管理的一项重要内容，是提高职工安全素质，减少安全事故，实现安全生产的重要措施。安全教育能够提高行为人的安全思想、安全意识，促进员工安全活动的活力，促使人们认识安全操作规程、安全科学技术与人们的联系，是自觉地、有经验地、创造性地实现和发展安全过程的一个根本前提。因此，必须加大安全生产教育力度，并营造一个“以人为本，珍惜生命，保障安全”的安全文化氛围。要通过安全知识学习，安全宣传园地、画展、看视频等活动，强化员工安全生产的忧患意识，帮助员工从反面典型事例中充分吸取教训，提高对安全生产重要性的认识，抵制习惯性违章行为，自觉做好安全工作，变“要我安全”为“我要安全”“我会安全”，增强遵章守纪的自觉性。

（2）以标准化作业规范员工的操作行为。标准化作业就是加强单位“三基”（基层、基础、基本功）工作的重要手段，是落实岗位责任制、经济责任制和各项规章制度的具体表现。实施标准化作业的目的是单位实现安全生产，保证质量，提高效率，规范员工的操作行为，最终达到避免和杜绝由违章作业而导致的各类事故。

（3）加强岗位技术培训，不断提高职工操作技能。在各种生产活动过程中避免和杜绝各类事故的发生，确保安全生产的有序进行，主要取决于员工的安全业务素质。员工业务技术精湛，操作熟练，就能够对生产设备、设施、环境等可能存在的缺陷或出现的故障及时发现和做出正确的判断，并迅速处理，将事故消灭在萌芽状态。为提高员工安全操作技能，必须把员工岗位技能培训当作一件大事来抓，有计划地、经常性地举办员工岗位技能培训班。在开展岗位技能培训的同时，要针对本岗位生产实际广泛地开展群众性岗位练兵活动，以提高员工的安全技术、操作水平和事故状态下的应变处理能力，杜绝各类违章操作事故的发生。

（4）加大对生产现场的监督检查及考核处罚力度。巡回监督检查是发现和制止违章行为的重要手段，在工作中只要发现违章行为就应不留情面地及时加以制止并责令纠正。对不听劝告的，可以采取强制措施，如停止其工作，进行停职学习、停薪培训等。要发现一个，制止一个，纠正一个，宁听事前骂声也不听事后哭声，决不搞下不为例。只有从严监督、从严管理、从严要求，加大考核处罚力度，才有可能铲除习惯性违章，有效地控制违章行为。避免违章作业现象，重点在班组，基点在预防，关键在领导。职工安全意识的增强，不只是安全管理部门的事，同时要求单位各部门乃至全社会的大力宣传，形成全社会“人人讲安全，人人要安全，人人会安全”的良好安全生产氛围。只有上下重视，常抓不懈，习惯性违章这个危及企业安全生产的恶习顽症才能铲除，才能有效地避免安全生产事故的发生。

（5）摸索规律，举一反三。习惯性违章作业有一定的规律性和必然性，各级管理层应善于发现、认识和把握这一规律，不断总结习惯性违章作业的预防经验，对因习惯性违章作业而造成的人身和设备事故，要坚持“四不放过”的原则，充分进行调查分析，查清事故原因、性质，还要看事故的责任者和相关班组是否已经吸取教训，并认真进行整改，绝不能大事化小，小事化了，以防止再出现类似的事故。

复习思考题

1. 什么是侥幸心理？
2. 产生不安全心理的原因有几点？
3. 什么是习惯性违章？
4. 如何预防习惯性违章？

本 章 小 结

本章主要介绍了危险化学品的定义及危害、危险化学品的分类、危险化学品的安全标签和安全技术说明书的定义及主要内容、危险化学品的安全管理（包括生产、使用、储存、经营、包装与运输）、燃烧三要素、火灾的分类、防火防爆措施、火灾爆炸事故的应急技术措施、常用灭火剂和灭火器的使用、电气安全要求、化工检修前后的安全操作及检修中的特殊作业安全要求、了解事故与人的心理关系和预防习惯性违章的知识。

第三章　重大危险源与危险化学品事故应急救援

本章学习目标

1. 了解重大危险源的定义；
2. 熟悉重大危险源的辨识；
3. 了解安全生产事故的分级；
4. 了解事故调查的内容及处理；
5. 掌握现场急救与逃生。

第一节　重大危险源辨识与安全管理

一、重大危险源的定义

《危险化学品重大危险源辨识》（GB 18218—2018）规定，危险化学品重大危险源是长期地或临时地生产、储存、使用和经营危险化学品，且危险化学品的数量等于或者超过临界量的单元。临界量对于某种或某类危险化学品规定的数量，若单元中的危险化学品构成重大危险源所规定的最小数量。

涉及危险化学品的生产、储存装置、设施或场所，分为生产单元和储存单元。其中生产单元是危险化学品的生产、加工及使用等的装置及设施，当装置及设施之间有切断阀时，以切断阀作为分隔界限划分为独立的单元；储存单元是用于储存危险化学品的储罐或仓库组成的相对独立的区域，储罐区以罐区防火堤为界限划分为独立的单元，仓库以独立库房（独立建筑物）为界限划分为独立的单元。

二、重大危险源的辨识标准及方法

1. 辨识依据

危险化学品应依据其危险特性及其数量进行重大危险源辨识。

危险化学品的纯物质及其混合物应按 GB 30000. 2—2013 ~ GB 30000. 18—2013 系列标准中的规定进行分类，见表 3-1。

表 3-1 重大危险源所涉危险化学品的分类标准

《化学品分类和标签规范　第 2 部分：爆炸物》（GB 30000. 2—2013）	《化学品分类和标签规范　第 3 部分：易燃气体》（GB 30000. 3—2013）
《化学品分类和标签规范　第 4 部分：气溶胶》（GB 30000. 4—2013）	《化学品分类和标签规范　第 5 部分：氧化性气体》（GB 30000. 5—2013）
《化学品分类和标签规范　第 6 部分：压力气体》（GB 30000. 6—2013）	《化学品分类和标签规范　第 7 部分：易燃液体》（GB 30000. 7—2013）
《化学品分类和标签规范　第 8 部分：易燃固体》（GB 30000. 8—2013）	《化学品分类和标签规范　第 9 部分：自反应物质和混合物》（GB 30000. 9—2013）
《化学品分类和标签规范　第 10 部分：自燃液体》（GB 30000. 10—2013）	《化学品分类和标签规范　第 11 部分：自燃固体》（GB 30000. 11—2013）
《化学品分类和标签规范　第 12 部分：自热物质和混合物》（GB 30000. 12—2013）	《化学品分类和标签规范　第 13 部分：遇水放出易燃气体的物质和混合物》（GB 30000. 13—2013）
《化学品分类和标签规范　第 14 部分：氧化性液体》（GB 30000. 14—2013）	《化学品分类和标签规范　第 15 部分：氧化性固体》（GB 30000. 15—2013）
《化学品分类和标签规范　第 16 部分：有机过氧化物》（GB 30000. 16—2013）	《化学品分类和标签规范　第 17 部分：金属腐蚀物》（GB 30000. 17—2013）
《化学品分类和标签规范　第 18 部分：急性毒性》（GB 30000. 18—2013）	

2. 辨识指标

（1）生产单元、储存单元内存在的危险化学品为单一品种时，该危险化学品的数量即为单元内危险化学品的总量，若等于或超过相应的临界量，则定为重大危险源。

（2）生产单元、储存单元内存在的危险化学品为多品种时，按式 3-1 计算，若满足式 3-1，则定义为重大危险源。

$$S = q_1/Q_1 + q_2/Q_2 + \cdots + q_n/Q_n \geqslant 1 \tag{3-1}$$

式中　S——辨识指标；

q_1，q_2，…，q_n——每种危险化学品的实际存在量，t；

Q_1，Q_2，…，Q_n——与每种危险化学品相对应的临界量，t。

三、重大危险源管理

加强重大危险源管理的目的，不仅是要预防重大事故发生，而且要做到一旦发生事故，能将事故危害限制到最低程度。通过一系列有计划、有组织的系统安全活动，保证重大危险源的安全运行。

1. 进行重大危险源辨识，使管理对象更加明确。

2. 对重大危险源进行安全评价，通过安全评价发现隐患，以便进行整改。

3. 实行危险源登记制度，通过登记使政府部门能够清楚地了解重大危险源分布情况及安全水平，便于从宏观上进行管理与控制。

复习思考题

1. 什么是危险化学品重大危险源？

2. 简述重大危险源的管理。

第二节　事故调查与处理

事故调查处理是安全管理的重要内容，主要是指对已发生事故的分析、处理等一系列管理活动。工作内容主要包括事故发生的报告、事故应急救援、事故调查、事故分析、事故责任人的处理和事故赔偿等。

一、安全生产事故的分级

《生产安全事故报告和调查处理条例》第三条规定，根据生产安全事故（以下简称事故）造成的人员伤亡或者直接经济损失，事故一般分为以下等级：

（1）特别重大事故，是指造成 30 人以上死亡，或者 100 人以上重伤（包括急性工业中毒，下同），或者 1 亿元以上直接经济损失的事故；

（2）重大事故，是指造成 10 人以上 30 人以下死亡，或者 50 人以上 100 人以下重伤，或者 5 000 万元以上 1 亿元以下直接经济损失的事故；

（3）较大事故，是指造成 3 人以上 10 人以下死亡，或者 10 人以上 50 人以下重伤，或者 1 000 万元以上 5 000 万元以下直接经济损失的事故；

（4）一般事故，是指造成 3 人以下死亡，或者 10 人以下重伤，或者 1 000 万元以下直接经济损失的事故。

上述所称的“以上”包括本数，所称的“以下”不包括本数。

二、事故报告制度

企业发生伤亡事故和职业病事故后，必须及时向相关部门如实报告。发生事故不报告，甚至故意隐瞒事故真相，有关责任人将受到法律制裁。

事故发生后，事故现场有关人员应当立即向本单位负责人报告。单位负责人接到报告后，应当于 1 h 内向事故发生地县级以上人民政府安全生产监督管理部门和负有安全生产监督管理职责的有关部门报告。情况紧急时，事故现场有关人员可以直接向事故发生地县级以上人民政府安全生产监督管理部门和负有安全生产监督管理职责的有关部门报告。

报告事故应当包括下列内容：

（1）事故发生单位概况；

（2）事故发生的时间、地点以及事故现场情况；

（3）事故的简要经过；

（4）事故已经造成或者可能造成的伤亡人数（包括下落不明的人数）和初步估计的直接经济损失；

（5）已经采取的措施；

（6）其他应当报告的情况。

三、事故调查

1. 事故调查的原则

（1）事故调查必须以事实为依据，以科学为手段，在充分调查研究的基础上科学、公正、实事求是地给出事故调查结论。

（2）事故调查必须遵循“四不放过”的原则，即事故原因不查清不放过、事故责任者和群众没有受到教育不放过、事故责任者没有受到追究不放过、没有采取相应的预防改进措施不放过。

（3）依靠专家和科学技术手段。

（4）第三方的原则。

（5）不干涉、不阻碍的原则。

2. 事故调查的内容

主要了解发生事故的具体时间和具体地点；检查现场，做好详细记录；了解受害人数、伤害程度、事故的起因物；向事故当事人及现场人员了解发生事故前的生产情况（包括作业人员的任务、分工及工艺条件、设备完好情况等）；了解受害者情况、经济损失情况等。

3. 事故调查程序

（1）成立事故调查小组。

（2）事故调查物质准备。

（3）事故现场处理。

（4）事故现场勘查与物证获取。

（5）其他有关事故资料的收集。

（6）事故分析。

（7）编写事故调查报告。

四、事故处理

有关机关应当按照人民政府的批复，依照法律、行政法规规定的权限和程序，对事故发生单位和有关人员进行行政处罚，对负有事故责任的国家工作人员进行处分。事故发生单位应当按照负责事故调查的人民政府的批复，对本单位负有事故责任的人员进行处理。负有事故责任的人员涉嫌犯罪的，依法追究法律责任。

五、事故赔偿

企业发生伤亡事故后，职工的伤亡赔偿、医疗费用、工伤待遇等按照国家《工伤保险条例》执行。如果企业参加了社会工伤保险，按照要求缴纳了工伤保险金，上述费用将由保险公司支付；如果没有参加工伤保险，则由企业按照工伤保险标准支付各种费用。因此，无论企业是否参加了工伤保险，事故后的赔偿及职工待遇以《工伤保险条例》为依据。

复习思考题

1. 事故为何不能隐瞒不报？
2. 简述安全生产事故的分级。
3. 简述事故调查的内容。

第三节　危险化学品事故应急救援

事故应急救援是在应急响应过程中，为消除、减少事故危害，防止事故扩大或恶化，最大限度地降低事故造成的损失或危害而采取的救援措施或行动。《中华人民共和国安全生产法》及《危险化学品安全管理条例》对事故应急救援和应急措施做出了明确的规定。

《生产经营单位生产安全事故应急预案编制导则》（GB/T 29639—2020）、《生产安全事故应急预案管理办法》（国家安全生产监督管理总局令第 88 号）等规定了生产经营单位编制安全生产事故应急预案的程序、内容和要素等基本要求。生产经营单位结合本单位的组织结构、管理模式、风险种类、生产规模等特点，可以对应急预案框架结构等要素进行调整。

一、事故应急救援的任务

事故应急救援的总目标是通过有效的应急救援行动，尽可能地降低事故的后果，包括人员伤亡、财产损失和环境破坏等。事故应急救援的基本任务包括以下几个方面。

1. 立即组织营救和救治受害人员，疏离、撤离或者采取其他措施保护危害区域内的其他人员。

2. 迅速控制危害源，测定危险化学品的性质、事故的危害区域及危害程度。

3. 针对事故对人体、动植物、土壤、水源、大气造成的现实危害和可能产生的危害，迅速采取封闭、隔离、洗消等措施。

4. 对危险化学品事故造成的环境污染和生态破坏状况进行监测、评估，并采取相应的环境污染治理和生态修复措施。

二、事故应急救援预案的主要内容

《生产经营单位生产安全事故应急预案编制导则》明确了综合应急预案、专项应急预案及现场处置方案的主要内容。

综合应急预案是生产经营单位为应对各种生产安全事故而制定的综合性工作方案，是本单位应对生产安全事故的总体工作程序、措施和应急预案体系的总纲。专项应急预案是生产经营单位为应对某一种或者多种类型生产安全事故，或者针对重要生产设施、重大危险源、重大活动防止生产安全事故而制定的专项性工作方案。专项应急预案与综合应急预案中的应急组织机构、应急响应程序相近时，可不编写专项应急预案，相应的应急处置措施并入综合应急预案。现场处置方案是生产经营单位根据不同生产安全事故类型，针对具体场所、装置或者设施所制定的应急处置措施。现场处置方案重点规范事故风险描述、应急工作职责、应急处置措施和注意事项，应体现自救互救、信息报告和先期处置的特点。事故风险单一、危险性小的生产经营单位，可只编制现场处置方案。

综合应急预案内容包含以下内容。

1. 总则

包括适用范围、响应分级。响应分级不必照搬事故分级。

2. 应急组织机构及职责

明确应急组织形式（可用图示）及构成单位（部门）的应急

处置职责。应急组织机构可设置相应的工作小组，各小组具体构成、职责分工及行动任务应以工作方案的形式作为附件。

3. 应急响应

（1）信息报告。

1）信息接报。明确应急值守电话、事故信息接收、内部通报程序、方式和责任人，向上级主管部门、上级单位报告事故信息的流程、内容、时限和责任人，以及向本单位以外的有关部门或单位通报事故信息的方法、程序和责任人。

2）信息处置与研判。明确响应启动的程序和方式。根据事故性质、严重程度、影响范围和可控性，结合响应分级明确的条件，可由应急领导小组作出响应启动的决策并宣布，或者依据事故信息是否达到响应启动的条件自动启动。

若未达到响应启动条件，应急领导小组可作出预警启动的决策，做好响应准备，实时跟踪事态发展。

响应启动后，应注意跟踪事态发展，科学分析处置需求，及时调整响应级别，避免响应不足或过度响应。

（2）预警。

1）预警启动。明确预警信息发布渠道、方式和内容。

2）响应准备。明确作出预警启动后应开展的响应准备工作，包括队伍、物资、装备、后勤及通信。

3）预警解除。明确预警解除的基本条件、要求及责任人。

（3）响应启动。确定响应级别，明确响应启动后的程序性工作，包括应急会议召开、信息上报、资源协调、信息公开、后勤及财力保障工作。

（4）应急处置。明确事故现场的警戒疏散、人员搜救、医疗救治、现场监测、技术支持、工程抢险及环境保护方面的应急处置措施，并明确人员防护的要求。

（5）应急支援。明确当事态无法控制情况下，向外部（救援）力量请求支援的程序及要求、联动程序及要求，以及外部（救援）力量到达后的指挥关系。

（6）响应终止。明确响应终止的基本条件、要求和责任人。

4. 后期处置

明确污染物处理、生产秩序恢复、人员安置方面的内容。

5. 应急保障

（1）通信与信息保障。明确应急保障的相关单位及人员通信联系方式和方法，以及备用方案和保障责任人。

（2）应急队伍保障。明确相关的应急人力资源，包括专家、专兼职应急救援队伍及协议应急救援队伍。

（3）物资装备保障。明确本单位的应急物资和装备的类型、数量、性能、存放位置、运输及使用条件、更新及补充时限、管理责任人及其联系方式，并建立台账。

（4）其他保障。根据应急工作需求而确定的其他相关保障措施（如能源保障、经费保障、交通运输保障、治安保障、技术保障、医疗保障及后勤保障）。

三、应急救援预案的演练

具备应急救援预案，如果响应人员不能充分理解自己的职责与预案实施步骤，应急人员没有足够的应急经验与实战能力，那么预案的实施效果将会大打折扣，达不到预案的制定目的。为了提高应急救援人员的技术水平与整体能力，使救援达到快速、有序、有效的目的，经常开展应急救援培训、演练是非常必要的。

中华人民共和国安全生产行业标准《生产安全事故应急演练基本规范》（AQ/T 9007—2019）对安全生产应急演练的目的、分类、工作原则、计划、准备、实施、评估总结和持续改进等方面做出了规定。各级政府及其组成部门、生产经营单位组织开展安全生产应急演练活动时可参照执行。

复习思考题

1. 简述应急救援预案的分类。
2. 简述综合应急预案的内容。

第四节 现场急救与逃生

一、中毒窒息事故的救护

如果发生中毒窒息事故，则应按照以下五种方法进行抢救。

1. 抢救人员在进入危险区域前必须戴上防毒面具、自救器等防护用品，必要时也应给中毒者戴上，要迅速把中毒者移到空气新鲜处，静卧保暖。

2. 如果是一氧化碳中毒，在中毒者还没有停止呼吸或呼吸虽已停止但心脏还在跳动时，救护人员在清除中毒者口腔、鼻腔内的杂物使呼吸道保持畅通以后，要立即进行人工呼吸。若中毒者心脏跳动也停止了，应迅速施行心肺复苏术。

3. 如果是硫化氢中毒，在救护人员进行人工呼吸之前，要用浸透食盐溶液的棉花或手帕盖住中毒者的口鼻。

4. 如果是因瓦斯或二氧化碳窒息，情况不太严重时，只要把窒息者移到空气新鲜处稍作休息后窒息者就会苏醒。假如窒息时间较长，就要进行人工呼吸抢救。

5. 在救护中，急救人员一定要沉着，动作要迅速。在进行急救的同时，应通知医生到现场进行诊治。

二、建筑物内发生火灾的自救

建筑物内发生火灾以后，主要从以下三个方面进行自救。

1. 灭火

及时灭火是火灾自救的首选手段。面对初期火灾，使用燃气的应立即断开燃气阀，切断电源等，并利用灭火器和消火栓的消防龙头果断将火扑灭。

2. 报警

在扑救初期火灾的同时，应立即拨通“119”火警电话，报清详细地址、单位名称或着火部位、着火物质、火情大小及报警人姓名、电话号码。消防队一般在 5 min 左右就会到达现场。

3. 逃生

人们在扑灭初期火灾无效时，应及时逃生。逃生时要注意以下几点。

（1）不要惊慌，要尽可能做到沉着、冷静，更不要大吵大叫，互相拥挤。

（2）正确判断火源、火势和蔓延方向，以便选择合适的逃离路线。

（3）回忆和判断安全出口的方向、位置，以便在最短时间内找到安全出口。

（4）要有互助友爱精神、听从指挥，有秩序地撤离火场。

（5）在逃生时，必须采取措施。因为火灾现场浓烟是有毒的，而且浓烟在室内的上方集聚，所以越低的地方越安全。逃生者要就地将衣服、帽子、手帕等物弄湿，捂住自己的嘴、鼻，防止烟气呛人或毒气中毒，采用低姿或爬行的方法逃离。

（6）无法逃离火场时，要选择相对安全的地方躲避，等待救助。火若是从楼道方向蔓延的，可以关紧房门，向门上泼水降温，设法呼救等待救助。注意不要鲁莽行事，以免造成其他伤害。

（7）遇到火灾时，千万不要乘电梯。

三、毒气泄漏场所的逃生

遇到毒气泄漏时，应该立即报告相关部门，因为对于毒气泄漏的处理是具有特殊要求的。作为一般人员，也要了解一些毒气泄漏处理的常识。

1. 若在毒气泄漏现场，应立即穿戴防护服装，并检查防毒面具是否有损坏，能否起到防护作用。如果没有佩戴防护服装或防毒面具，就应该尽快用蘸湿的衣服、帽子、口罩等，保护自己的眼、鼻、口腔，防止毒气摄入。

2. 当毒气泄漏量很大，而又无法采取措施防止泄漏时，特别是在通风条件差、较密闭的场所，在场人员应迅速撤离毒气泄漏场所。

3. 不要慌乱、拥挤，要听从指挥，特别是人员较多时更不能慌乱，也不要大喊大叫，要镇静、沉着，有秩序地撤离。

4. 撤离时要弄清毒气的流向，不可顺着毒气流动的风向走而要逆向撤离。

5. 撤离泄漏区后，应立即到医院检查，必要时进行排毒治疗。

6. 发生毒气泄漏，若没有穿戴防护服，绝不能进入事故现场救人，以避免扩大伤害范围。

复习思考题

1. 简述中毒窒息事故的救护。
2. 简述毒气泄漏场所逃生原则。

本章小结

本章主要介绍了重大危险源的定义、重大危险源的辨识标准及方法、安全生产事故的分级、事故调查的原则、事故调查的内容、事故调查程序、事故应急救援的任务、事故应急救援预案的主要内容、中毒窒息事故的救护、建筑物内发生火灾的自救、毒气泄漏场所逃生等。

第四章 职业卫生与个体防护

本章学习目标

1. 了解职业病的定义；
2. 掌握职业病的分类；
3. 熟悉重大危险源的辨识；
4. 掌握职业危害及其预防；
5. 掌握个体防护。

第一节 职业卫生基础知识

一、职业卫生

1. 职业卫生

职业卫生又称劳动卫生，是劳动保护的重要组成部分，也是预防医学中的一个专门学科。它主要是研究劳动条件对劳动者（及环境居民）健康的影响及对职业危害因素进行识别、评价、控制和消除，以保护劳动者的健康为目的的一门学科。

2. 职业卫生的研究对象

（1）研究和识别劳动生产过程中对劳动者及环境居民的健康产生不良影响的各种因素（职业危害因素），为改善劳动条件提出措施及卫生要求。

（2）研究和确定职业病及与职业有关疾病的病因，提出诊断标准和防治对策。

（3）研究和制定职业卫生法律、法规及标准，并付诸实施。

3. 职业卫生的基本任务

职业卫生是为了改善生产职业活动中的劳动环境，控制和消除有害因素对人体的危害，防止职业病的发生，以达到保护劳动者身体健康，提高劳动生产效率，促进生产发展的目的。

二、职业病范围

1. 定义

《中华人民共和国职业病防治法》中规定，职业病是指企业、事业单位和个体经济组织等用人单位的劳动者在职业活动中，因接触粉尘、放射性物质和其他有毒、有害因素而引起的疾病。

2. 职业病的分类

《职业病分类和目录》将职业病分为职业性尘肺病及其他呼吸系统疾病、职业性皮肤病、职业性眼病、职业性耳鼻喉口腔疾病、职业性化学中毒、物理因素所致职业病、职业性放射性疾病、职业性传染病、职业性肿瘤、其他职业病 10 类 132 种。

（1）职业性尘肺病及其他呼吸系统疾病共 19 种。其中，尘肺病包括矽肺、煤工尘肺、石墨尘肺、炭黑尘肺、石棉肺、滑石尘肺、水泥尘肺、云母尘肺、陶工尘肺、铝尘肺、电焊工尘肺、铸工尘肺、根据《尘肺病诊断标准》和《尘肺病理诊断标准》可以诊断的其他尘肺病等 13 种；其他呼吸系统疾病包括过敏性肺炎、棉尘病、哮喘、金属及其化合物粉尘肺沉着病（锡、铁、锑、钡及其化合物等）、刺激性化学物所致慢性阻塞性肺疾病、硬金属肺病等 6 种。

（2）职业性皮肤病共 8 种。包括接触性皮炎、光接触性皮炎、电光性皮炎、黑变病、痤疮、溃疡、化学性皮肤灼伤、白斑、根据《职业性皮肤病的诊断总则》可以诊断的其他职业性皮肤病。

（3）职业性眼病共 3 种。包括化学性眼部灼伤、电光性眼炎、白内障（含放射性白内障、三硝基甲苯白内障）。

（4）职业性耳鼻喉口腔疾病共 4 种。包括噪声聋、铬鼻病、牙酸蚀病、爆震聋。

（5）职业性化学中毒共 60 种。包括铅及其化合物中毒（不包括四乙基铅）、汞及其他合物中毒、锰及其化合物中毒、铊及其化合物中毒、氯气中毒、氨中毒、一氧化碳中毒、硫化氢中毒、苯中毒、汽油中毒、杀虫脒中毒、氯乙酸中毒等。

（6）物理因素所致职业病共 7 种。包括中暑、减压病、高原病、航空病、手臂振动病、激光所致眼（角膜、晶状体、视网膜）损伤、冻伤。

（7）职业性放射性疾病共 11 种。包括外照射急性放射病、外照射亚急性放射病、外照射慢性放射病、内照射放射病、放射性皮肤疾病、放射性肿瘤（含矿工高氡暴露所致肺癌）、放射性骨损伤、放射性甲状腺疾病、放射性性腺疾病、放射复合伤、根据《职业性放射性疾病诊断标准（总则）》可以诊断的其他放射性损伤。

（8）职业性传染病共 5 种。包括炭疽、森林脑炎、布鲁氏菌病、艾滋病（限于医疗卫生人员及人民警察）、莱姆病。

（9）职业性肿瘤共 11 种。包括石棉所致肺癌、间皮瘤，联苯胺所致膀胱癌，苯所致白血病，氯甲醚、双氯甲醚所致肺癌，砷及其化合物所致肺癌、皮肤癌，氯乙烯所致肝血管肉瘤，焦炉逸散物所致肺癌，六价铬化合物所致肺癌，毛沸石所致肺癌、胸膜间皮瘤，煤焦油、煤焦油沥青、石油沥青所致皮肤癌，β-萘胺所致膀胱癌。

（10）其他职业病共 3 种。包括金属烟热，滑囊炎（限于井下工人），股静脉血栓综合征、股动脉闭塞症或淋巴管闭塞症（限于刮研作业人员）。

3. 职业病的特点

职业病是由于职业有害因素作用于人体的强度和时间超过一定限度，人体不能代偿而造成的功能性或器质性病理改变，从而出现相应的临床征象，影响劳动力。职业病具有以下五个特点。

（1）病因明确。职业病都有明确的致病因素即职业有害因素，消除该有害因素后，可以完全控制职业病的发生。

（2）发病具有接触反应关系。大多数病因是可以通过监测手段衡量的，接触和效应指标之间有明确的剂量—反应关系。

（3）发病具有聚集性。在不同的接触人群中，常有不同的发病群体。

（4）可以预防。如能早诊断，合理处理，愈后较好。

（5）大多数职业病目前尚缺乏特效治疗手段。因此职业人群的保护预防措施显得格外重要。

三、职业病的预防

在新建、扩建、改建厂房，或采用新工艺、使用新原料前，应认真考虑预防职业病的问题，认真做好卫生设计工作，对已投产的厂房应从以下措施着手。

1. 生产技术

进行技术革新、工艺改造，这是预防职业病的重要途径，从根本上改善劳动条件，控制和消除某些职业性毒害。开展废气、废水和废渣的综合利用，变“三废”为“三宝”，不仅可回收化工原料，而且大大减少毒物的危害。

2. 技术措施

增加通风排气设备，对少数高毒物质必须采取严格密闭，隔离式操作，以避免或减少直接接触。

3. 预防措施

建立劳动卫生职业病防治网，由各级领导负责，有关方面大力协作，建立一个专业防治机构以及劳动防护专职人员组成的防治网，开展职业病的防治工作。建立空气中毒物浓度测定制度，定期测定以提供改进预防措施的依据。建立工作前体检、定期体检制度，定期体检目的在于早期发现毒物对人体的影响，早期诊断，早期治疗。

4. 合理使用个人防护用品

使用个人防护用品是预防职业中毒的一种辅助措施。个人防护用品包括防护服、口罩、面具、袖套、眼镜等。

四、职业卫生的三级预防原则

职业卫生属于预防医学的范畴，其工作应遵循预防医学的三级预防原则。

1. 一级预防

不接触职业病危害因素，采取措施改进生产工艺、生产过程并治理作业环境的职业病危害因素，使劳动条件达到国家标准，创造对劳动者的健康没有危害的生产劳动环境。

2. 二级预防

在一级预防达不到要求，职业病危害因素已经开始损及劳动者的健康的情况下，应尽早地发现职业病危害作业点及职业病病症，对接触职业病危害因素的职工进行定期身体检查，以便及早发现问题和病情，迅速采取补救措施。

3. 三级预防

对已患职业病者，应正确诊断及时处理，及时调离有害作业岗位。积极给予综合治疗和康复治疗，防止病情恶化和并发症，以尽快恢复健康。

五、职业病的诊断和待遇

职业病诊断应当由取得“医疗机构执业许可证”的医疗卫生机构承担。承担职业病诊断的医疗卫生机构不得拒绝劳动者进行职业病诊断的要求。职业病诊断证明书应当由参与诊断的取得职业病诊断资格的执业医师签署，并经承担职业病诊断的医疗卫生机构审核盖章。

用人单位应当保障职业病病人依法享受国家规定的职业病待遇。用人单位应当按照国家有关规定，安排职业病病人进行治疗、康复和定期检查。用人单位对不适宜继续从事原工作的职业病病人，应当调离原岗位，并妥善安置。用人单位对从事接触职业病危害的作业的劳动者，应当给予适当岗位津贴。

职业病病人的诊疗、康复费用，伤残以及丧失劳动能力的职业病病人的社会保障，按照国家有关工伤保险的规定执行。

职业病病人除依法享有工伤保险外，依照有关民事法律，尚有获得赔偿的权利的，有权向用人单位提出赔偿要求。

劳动者被诊断患有职业病，但用人单位没有依法参加工伤保险的，其医疗和生活保障由该用人单位承担。

职业病病人变动工作单位，其依法享有的待遇不变。用人单位在发生分立、合并、解散、破产等情形时，应当对从事接触职业病危害的作业的劳动者进行健康检查，并按照国家有关规定妥善安置职业病病人。

用人单位已经不存在或者无法确认劳动关系的职业病病人，可以向地方人民政府医疗保障、民政部门申请医疗救助和生活等方面的救助。

工会组织依法对职业病防治工作进行监督，维护劳动者的合法权益。用人单位制定或者修改有关职业病防治的规章制度，应当听取工会组织的意见。

对在职业健康检查中发现有与所从事的职业相关的健康损害的劳动者，应当调离原工作岗位，并妥善安置；对未进行离岗前职业健康检查的劳动者不得解除或者终止与其订立的劳动合同。

复习思考题

1. 什么是职业病？
2. 简述职业病的分类。
3. 简述职业病的预防措施。

第二节 职业危害及预防

一、中毒与防毒

危险化学品中含有有毒及有害成分，对从事危险化学品的作业人员的健康造成极大的威胁。

1. 化学品的毒性危害

有毒化学品对人体的危害最主要是引起中毒。中毒是人体在有毒化学品的作用下发生功能性和器质性改变后而出现的疾病状态，是各种毒性作用后果的综合表现。有毒化学品对人体危害主要有以下几方面。

（1）引起刺激。一般受刺激的部位为皮肤、眼睛和呼吸系统，如引起皮炎、咳嗽、流泪等。

（2）过敏。刚开始接触时可能不会出现过敏症状，然而长时间的暴露会引起身体的反应，即便是接触低浓度化学物质也会产生过敏反应。皮肤和呼吸系统可能会受到过敏反应的影响，如引起皮疹、水疱或引起职业性哮喘。

（3）缺氧（窒息）。当空气中一氧化碳体积浓度达到0.05%时就会导致血液携氧能力严重下降，称为血液内窒息。另外，如氰化氢、硫化氢这些物质会影响细胞和氧的结合能力，即使血液中含氧充足，也会出现窒息情况，这种情况称为细胞内窒息。

（4）昏迷和麻醉。高浓度的某些化学品，如丙醇、丙酮、乙炔、乙醚、异丙醚会导致中枢神经抑制，这些化学品有类似醉酒的作用，一次大量接触可导致昏迷甚至死亡。

（5）全身中毒。全身中毒是化学物质引起的对一个或多个系统产生有害影响并扩展到全身的现象。这种作用不局限于身体的某一点或某一区域，如长期接触苯酚可引起全身中毒。

（6）尘肺病。尘肺病是由于长期吸入大量细微粉尘而引起的以肺组织纤维化为主的职业病。一般很难在早期发现肺的变化，当X射线检查发现这些变化的时候病情已经较重。尘肺病患者肺的换气功能下降，在紧张活动时会发生呼吸短促症状，这种作用是不可逆的。能引起尘肺病的物质有石英晶体、石棉、滑石粉、煤粉和铍。

（7）致畸、致癌、致突变。接触危险化学品可能对未出生的胎儿造成危害，干扰胎儿的正常发育。一些试验结果表明，80%~85%的致癌化学物质对后代都有影响，而85%的癌症与化学物质接触有关。有些癌症要在接触化学物质多年以后才表现出来，潜伏期一般为4~40年。

2. 毒物进入人体的途径

毒物进入人体通常有以下三种途径。

（1）呼吸道吸收。在生产条件下，毒物多数是经呼吸道进入人体的，这是最主要、最常见、最危险的途径。在生产过程中，以气体蒸气、雾、烟、粉尘等不同形态存在于生产环境中的毒物随时可被吸入呼吸道。

（2）皮肤吸收。有些毒物可以通过皮肤、毛囊、皮脂腺、汗腺而被吸收。由于表皮的屏障作用，相对分子质量大于300的物质不易被吸收，只有高度脂溶性和水溶性的物质（如苯胺）才易经皮肤吸收。毒物经毛囊、皮脂腺和汗腺吸收时绕过表皮，故电解质和某些金属，特别是金属汞可经此途径被吸收。

（3）消化道吸收。在生产环境中，毒物单纯经消化道吸收的情况比较少见，多是由于不良卫生习惯造成的，如使用被毒物污染的手直接拿食物吃或饮水而导致中毒。毒物进入消化道后，大多随粪便排出，只有一小部分进入血液循环系统。

3. 常见的职业中毒

（1）刺激性气体中毒。刺激性气体是指对人的眼睛、皮肤，特别是对呼吸道具有刺激作用的一类气体的总称。常见的刺激性气体主要有氯气、氨气、氮氧化物、光气、二氧化硫等。刺激性气体对人体健康的危害与接触浓度的大小和接触时间的长短有关。轻度刺激作用可以是短暂的，也可以是一次性的，不再接触或吸入，不适反应很快就会消失，不治也可能痊愈。明显或严重的刺激作用，不仅出现刺激反应，而且会造成人体器官、系统组织的破坏，出现一系列症状体征，甚至危及人的生命。

（2）窒息性气体中毒。窒息性气体是吸入该气体后，会造成人体组织处于缺氧状态的一类气体。窒息性气体一般分为以下三类。

1）单纯窒息性气体。如氮气、甲烷、二氧化碳等，这类气体本身毒性很小或无毒，但当它们在空气中的含量增加时，就会相应降低空气中氧的含量，造成人体吸入氧不足而发生窒息。

2）血液窒息性气体。如一氧化碳，吸入后造成红细胞输送氧的能力降低而发生窒息。

3）细胞窒息性气体。如硫化氢、氰化氢等，吸入后造成人体组织细胞不能利用氧而发生窒息。

（3）铅中毒。在开采铅矿、铅冶炼、铅排印等操作中，经常可接触到铅。因接触的剂量不同可导致急性铅中毒和慢性铅中毒，从而引起肝、脑、肾等器官的改变。

（4）汞中毒。接触汞可引起急性中毒和慢性中毒症状，其中慢性汞中毒是职业性汞中毒中最常见的类型，主要表现有口腔炎，部分患者出现全身皮疹、神经衰弱综合征等，有时肾脏也会受损害。

（5）苯中毒。苯应用非常广泛，工业上接触苯的机会也比较多，急性苯中毒主要表现为中枢神经系统症状，部分患者可出现化学性肺炎、肺水肿及肝肾损害。慢性苯中毒主要影响造血功能系统及中枢神经系统。

4. 防毒措施

预防有毒化学品对人体的危害，必须坚持“预防为主，防治结合”的方针，必须坚持“分类管理，综合治理”的原则，必须实施“法制管理，技术控制，全民教育”的策略。防毒的具体措施主要包括技术、教育、管理三项措施。防毒技术措施主要是指对工艺、设备、操作方面，从安全防毒角度考虑设计、计划、检查、保养等措施，如进行工艺改革，以无毒、低毒的物料代替有毒、高毒的物料，生产设备管道化、密闭化、机械操作自动化等。防毒的教育、管理措施主要是加强防毒的宣传教育，健全有关防毒的管理制度，严格执行“三同时”原则。对从事有毒有害作业工种的工人实行保健措施，重视个人卫生，同时各单位的卫生保健部门应培训医务人员进行有关中毒的急救处理，积极开展预防职业中毒的各项工作。

二、粉尘危害及预防

粉尘是能够长时间浮游于空气中的固体微粒。在生产过程中形成的粉尘称为生产性粉尘。生产性粉尘根据其性质可分为无机粉尘（如石棉、煤粉、滑石粉等）、有机粉尘（如面粉、炸药、树脂等）和混合性粉尘，生产中最常见的是混合性粉尘。

1. 粉尘对健康的危害

（1）尘肺病。尘肺病是目前我国最严重的职业危害病，《职业病分类和目录》列有 13 种尘肺病，如石棉肺、煤工尘肺和硅肺等。

（2）中毒。吸入含铅、砷、锰、铍的粉尘可引起职业性中毒。

（3）粉尘沉着症。吸入一定量的铁、锡、钡等粉尘（如容器除锈时不注意防护，可吸入铁末尘），尘末在肺部沉着，构成一种病情轻、进展慢的肺部疾病称为粉尘沉着症。

（4）过敏性疾病。吸入含苯酐的粉尘、甲苯二异氰酸酯可引起哮喘。

（5）局部作用。粉尘可造成皮脂腺孔堵塞，使皮肤干燥、皲裂，引起粉刺、毛囊炎，严重时可引起脓皮病。

2. 粉尘的预防措施

我国在防尘工作中总结出来的行之有效的经验是“革、水、密、风、护、管、教、查”的八字方针。“革”是指技术革新和技术改造；“水”是指湿式作业；“密”是指密闭尘源；“风”是指抽风除尘；“护”是指个人防护；“管”是指维护管理，建立各种制度；“教”是指宣传教育；“查”是指及时检查，定期测尘和进行健康检查。只要能合理地执行八字方针，粉尘的危害是完全可以减少或消除的。

三、物理性危害因素及预防

1. 噪声危害与预防

（1）噪声的危害。噪声是不同频率和不同强度的声音无规律地组合在一起所形成的声音，是人们不希望有的声音，是一种公害。它不仅能使一些物理装置和设备产生疲劳和失效，干扰人们对其他声源信号的感觉和鉴别，更重要的是会影响人们的生活和工作。通过对生产现场的调查和临床观察证明，无防护措施的生产性强噪声，对人体能产生多种不良影响，甚至形成噪声性疾病。主要表现在以下两方面。

1）对听觉系统的影响。每个人对噪声的感觉各不相同，但任何人的听觉都会受到噪声的损害。当脱离噪声影响一段时间后，听力仍能恢复。但是一旦发生暂时性听觉位移，如不及时采取预防措施，就很容易发生永久性听觉位移，继而发展成为噪声性耳聋。

2）对神经、消化、心血管等系统的影响。噪声可引起头痛、头晕、记忆力减退、睡眠障碍等神经衰弱综合征；可引起心率加快或减慢、血压升高或降低等改变；也可引起食欲减退、腹胀等胃肠功能紊乱；还可对视力、血糖等产生影响。

（2）噪声的预防措施。

1）严格执行噪声卫生标准。为了保护劳动者听力不受损伤，《工作场所有害因素职业接触限值　第2部分：物理因素》（GBZ 2.2—2007）中规定，操作人员每周工作5天，每天工作8 h，稳态噪声值为85 dB（A），非稳态噪声等效声级的限值为85 dB（A）；每周工作5天，每天工作不等于8 h，需计算8 h等效声级，限值为85 dB（A）；每周工作不是5天，需计算40 h等效声级，限值为85 dB（A）。

2）噪声控制。这是控制噪声最根本的办法。主要应在设计、制造生产工具或机械过程中，通过工艺改革，机械结构改造、隔声、控制设备振动等措施来尽力实现。另外，还应控制噪声的传播，如可利用多孔吸声材料进行室内噪声的吸声。在操作室与存在噪声源场所之间安装双层玻璃窗进行隔声。对机泵、电动机、空气压缩机之类的设备可根据吸声反射、干涉等原理设计消声部件进行消声。

3）正确使用和选择个人防护用品。在强噪声环境中工作的人员，要合理选择和利用个人防护器材，如耳罩、耳塞、防噪声头盔等。

4）医学监护。就业前认真做好健康体检，严格控制职业禁忌。对从业人员要定期进行健康体检，发现有明显听力影响者，要及时调离噪声作业环境。

2. 振动危害与预防

（1）振动的危害。物体在外力作用下以中心位置为基准，做直线或弧线的往复运动称为振动。人体器官在经受振动中有各种感觉方式，从愉快的到不愉快的、不安的甚至是危害性的。振动分为局部振动和全身振动。长期接触局部振动的人，可有头昏、失眠、心悸、乏力等不适，还有手麻、手痛、手凉、手掌多汗、遇冷后手指发白等症状，甚至出现拿不稳工具、吃饭掉筷子的现象。而长期接触全身振动的人，可出现脸色苍白、出汗、唾液多、恶心、呕吐、头痛、头晕、食欲不振等现象，还可有体温、血压降低、全身衰竭等症状。

（2）预防措施。

1）改革工艺。如用化学除锈剂代替强烈振动的机械除锈工艺，用水瀑清砂代替风铲清砂等，都可明显减少振动。

2）采取隔振措施。压缩机与楼板接触处，用橡胶垫等隔振材料，减少振动。

3）改进风动工具。采取减振措施，设计自动、半自动式操纵装置，减少手及肢体直接接触振动体，或提高工具把手温度，改进压缩空气进出口的方位，防止手部受冷风吹袭。

4）合理安排接振时间。可以通过采取轮流作业或增加工间休息时间来达到。

5）加强个人防护。个人防护也是预防振动的一个重要方面，可配备减振手套，休息时用 40～60 ℃的热水浸泡手，每次 10 min 左右。就业前和就业后定期体格检查，凡是不适合从事振动作业的人要妥善安排其他工作。

3. 辐射危害与预防

（1）辐射的危害。辐射是能量的一种形式，一般无法通过视觉、嗅觉、感觉、听觉和味觉来发现它的存在，辐射一般分为电离辐射和非电离辐射。这两类辐射都会造成危害。凡是能引起物质电离的各种辐射都称为电离辐射，电离辐射的辐射源包括 X 射线、γ 射线、α 粒子、β 粒子、中子和其他核粒子。电离辐射能引起人体的职业病主要是放射病，放射性疾病是人体受各种电离辐射照射而发生的各种类型和不同程度损伤（或疾病）的总称，包括全身性放射性疾病，如急慢性放射病；局部放射性疾病，如急慢性放射性皮炎、放射性白内障；放射所致远期损伤，如放射所致白血病。非电离辐射包括紫外辐射、红外辐射、可见光辐射、射频辐射和微波、激光辐射。强烈的紫外辐射可引起电光性眼炎、皮炎等；红外线最容易引起的职业病是白内障；射频辐射可出现中枢神经系统和自主神经系统功能紊乱，心血管系统方面的疾病；激光主要是使人的眼部和皮肤造成损伤。

（2）预防措施。对操作人员来说最基本的防护措施是减少外照射和防止内照射，即在进行放射性物质操作时要尽可能缩短被照射的时间，尽量加大操作人员与放射源的距离；正确使用个人防护用品，设置防护屏障；同时还要做好健康监护，定期对危险范围内的人员进行体格检查，有不适应者不得从事此项工作。

复习思考题

1. 简述化学品的毒性危害。
2. 毒物进入人体的途径有哪些？
3. 简述常见的职业中毒种类。
4. 简述噪声的预防措施。
5. 简述振动的预防措施。

第三节　个体防护

个体防护器具的应用是防止职业危害因素直接侵入人体的最后一道防线。有些较差的劳动环境难以一时治理好，而劳动者的工作时间又较短时就应该做好个体防护，防止其危害。

一、呼吸系统防护

呼吸系统防护主要是防止有毒气体、蒸汽、尘、烟、雾等有害物质经呼吸器官进入人体，从而对人体造成损害。在尘毒污染、事故处理、抢救、检修、剧毒操作以及在狭小仓库内作业时，要求都必须选用可靠的呼吸器官保护用具。

1. 呼吸防护设备的种类

按用途分，呼吸器可分为防尘、防毒、供氧三类。

按作用原理分，呼吸器分为过滤式（净化式）、隔绝式（供气式）两类。过滤式呼吸器的功能是滤除人体吸入空气中的有害气体、工业粉尘等，使之符合《工业企业设计卫生标准》（GBZ 1—2010）。隔绝式呼吸器的功能是使戴用者呼吸系统与劳动环境隔离，由呼吸器自身供气（氧气或空气）或从清洁环境中引入纯净空气维持人体正常呼吸，适用于缺氧、严重污染等有生命危害的工作场所戴用。

2. 呼吸器官的防护

呼吸器选用原则：一要防护有效；二要戴用舒适；三要经济。工作现场既要考虑可能发生的染毒危害，配备特殊的呼吸器，又要根据实际的污染程度选用呼吸器的品种。一般情况下，过滤式面具适合毒物浓度不高的场合，在毒物浓度高的情况下，应用氧气呼吸器或空气呼吸器。使用呼吸器前一定要检查并确认完好，并学会正确的使用方法。

二、头部防护

1. 头部的伤害因素

（1）物体打击伤害。在生产过程中，如开采矿山、建筑施工、爆破等，可能发生物件、岩石、土块、工具和零部件等从高处坠落或抛出，击中在场人员的头部而造成头部伤害。

（2）机械性损伤。生产过程中旋转的机床、叶轮、传送带等，可造成作业人员的毛发和头皮受损，严重时还会危及生命。

（3）高处坠落伤害。在生产中，如进行安装、维修、攀高等高处作业时有可能发生人体坠落事故。

（4）毛发（头皮）的污染伤害。粉尘作业、农药喷射时容易污染毛发。

2. 头部防护用品的种类

头部防护用品是为防御头部不受外来物体打击和其他因素危害而配备的个体防护装备。根据防护功能分为安全帽、工作帽和防护头罩三类。

（1）安全帽。安全帽是生产中广泛使用的头部防护用品，它的作用在于当作业人员受到坠落物、硬质物体的冲击或挤压时，减少冲击力，消除或减轻其对人体头部的伤害。安全帽属于国家特种防护用品工业生产许可证管理的产品。《头部防护　安全帽》（GB 2811—2019）是强制执行的标准。选择安全帽时，一定要选择符合国家标准规定、标志齐全，经检验合格的安全帽。使用安全帽时，要掌握正确的使用和保养方法。据有关部门统计，坠落物体伤人事故中15%是因为安全帽使用不当造成的。因此，在使用过程中一定要注意以下几方面问题。

1）使用之前一定要检查安全帽上是否有裂纹、碰伤痕迹、磨损。安全帽上如存在影响其性能的明显缺陷就应该及时报废，以免影响防护作用。

2）不能随意在安全帽上拆卸或添加附件，以免影响其原有的防护性能。

3）不能随意调节帽的尺寸，因为安全帽的尺寸直接影响其防护性能。

4）使用时要将安全帽戴牢戴正，防止安全帽脱落。

5）受过冲击或做过试验的安全帽要予以报废。

6）不能私自在安全帽上打孔，以免影响其强度。

7）要注意安全帽的有效期，超过有效期的安全帽应该报废。

（2）工作帽。工作帽又叫护发帽，主要是对头部，特别是对头发起到保护作用，可以保护头发不受灰尘、油烟和其他环境因素的污染，也可以避免头发被卷入转动的传动带或滚轴里，还可以起到防止异物进入颈部的作用。

（3）防护头罩。防护头罩是使头部免受火焰、腐蚀性烟雾、粉尘及恶劣气候伤害的个人防护装备。防护头罩通常可分为头罩、面罩和披肩三部分，可附带送风设备，用于苛刻的工作环境下。其顶部与安全帽设计同理，面部采用透明质塑料露出视窗，披肩部遮盖颈部包裹头发。

防护头罩一般配合防护服使用，主要适用于热辐射大、粉尘较大和环境洁净度要求较高的作业环境中。

三、眼、面部防护

伤害眼、面部的因素较多，如各种高温热源、射线、光辐射、电磁辐射、气体、熔融金属等异物飞溅、爆炸等都是造成眼、面部伤害的因素。眼面部防护用品包括防护眼镜、眼罩和面罩三类。防护眼镜是一种起特殊作用的眼镜，根据使用的场合不同，所需求的眼镜也不同，防护眼镜又称劳保眼镜。眼面部防护用品主要用以保护作业人员的眼面部，防止各种伤害。目前我国眼面部防护用品主要包括焊接用眼防护具、炉窖用眼防护具、防冲击眼防护具、化学防护镜、微波防护镜、激光防护镜和尘毒防护镜等。

四、皮肤的防护

1. 护肤用品的种类

护肤剂分为水溶性和脂溶件两类，前者防油溶性毒物，后者防水溶性毒物。护肤剂一般会在整个劳动过程中使用，涂用时间长，上班时涂抹，下班后清洗，可起一定隔离作用，使皮肤得到保护。

2. 常用护肤用品

（1）防护膏。防护膏的作用是增加涂展性，即对皮肤的附着性，从而能隔绝有害物质的侵入。防护膏有亲水性防护膏、疏水性防护膏、遮光防护膏和滋润性防护膏。

（2）护肤霜。护肤霜主要用于预防和治疗皮肤干燥、粗糙、皲裂及职业性皮肤干燥。特别适宜用于接触吸水性或碱性粉尘、能溶解皮脂的有机溶剂和肥皂等碱性溶液的工作，也特别适用于露天、水上作业等工种。

（3）皮肤清洗剂。包括皮肤清洗液和皮肤干洗膏。皮肤清洗液适用于汽车修理、机械维修、机床加工、钳工装配、煤矿采挖、石油开采、原油提炼、印刷油印、设备清洗等行业。皮肤干洗膏主要用于在无水情况下，去除手上的油污，如汽车司机在途中检修排除故障、在野外勘探等情况。

（4）皮肤防护膜。皮肤防护膜又称隐形手套，其作用是附着于皮肤表面，阻止有害物质对皮肤的刺激和吸收作用。

五、手、足部的防护

1. 手部防护用品

手部防护是劳动者根据作业环境中的有害因素戴用特别手套，以防止各种手伤事故。

防护手套主要品种有耐酸碱手套、电工绝缘手套、电焊工手套、防寒手套、耐油手套、防X射线手套、石棉手套等10余种。

2. 足部防护用品

足部防护用品是劳动者根据作业环境中的有害因素，为防止可能发生的足部伤害或其他事故，所穿用的特制靴（鞋）。主要有防静电鞋和导电鞋、绝缘鞋、防砸鞋、防酸碱鞋、防油鞋、防滑鞋、防寒鞋、防水鞋等。

六、躯体防护用品

工作人员在作业时会遇到高湿度、热辐射、低温、腐蚀性的化学品、电离辐射、静电伤害等一些特殊的危险。对于这些危险，需要穿戴专用劳动防护用品来保护整个身体。防护服也称为工作服，分特殊作业工作服和一般作业工作服。特殊工作服按作业环境的需要有防尘防毒服、防化学污染服、防热耐火服、防静电服等。一般作业工作服用棉布或化纤织物制作，适用于没有特殊要求的一般作业场所使用。

复习思考题

1. 什么是个人防护用品？
2. 简述安全帽的使用注意事项。

本 章 小 结

本章主要介绍了职业病的定义、职业病的分类、职业病的预防、职业病的诊断和待遇、化学品的毒性危害、毒物进入人体的途径、常见的职业中毒、粉尘危害及预防、物理性危害因素及预防（辐射、振动和噪声）和个体防护。

参 考 文 献

[1] 中国认证人员与培训机构国家许可委员会. 职业健康安全专业基础 [M]. 北京：中国计量出版社，2004.

[2] 余华文. 企业员工安全生产知识必读 [M]. 合肥：中国科学技术大学出版社，2006.

[3] 张荣，张晓东. 危险化学品安全技术 [M]. 2 版. 北京：化学工业出版社，2017.

[4] 李荫中. 危险化学品企业员工安全知识必读 [M]. 北京：中国石化出版社，2007.

[5] 赵秋生. 厂长经理和管理人员职业安全健康知识 [M]. 北京：化学工业出版社，2005.

[6] 张娜. 安全生产基础知识 [M]. 北京：中华工商联合出版社，2007.

[7] 北京英达管理培训中心，北京世纪德铭科技发展有限公司. 企业员工安全意识普及教材 [M]. 北京：中国计量出版社，2005.

[8] 邬燕云. 安全生产主要法律法规知识培训教材 [M]. 北京：企业管理出版社，2006.

[9] 张荣，练学宁. 危险化学品生产单位操作人员安全培训教程 [M]. 北京：中国劳动社会保障出版社，2010.

[10] 张荣. 危险化学品从业单位安全标准化操作手册 [M]. 北京：中国劳动社会保障出版社，2010.

[11] 唐朝纲. 危险化学品安全管理基础 [M]. 北京：机械工业出版社，2014.

[12] 和丽秋. 消防燃烧学 [M]. 北京：机械工业出版社，2014.

[13] 陈美宝，王文和. 危险化学品安全基础知识 [M]. 北京：中国劳动社会保障出版社，2010.

[14] 张荣. 职业安全教育 [M]. 北京：化学工业出版社，2009.

[15] 国务院法制办公室工交商事法制司等联合编写. 危险化学品安全管理条例释义 [M]. 北京：中国市场出版社，2011.

[16] 鞠江，范小花. 危险化学品安全法律法规 [M]. 北京：中国劳动社会保

障出版社，2010.
[17] 全国危险化学品管理标准化技术委员会. 危险化学品标准汇编 包装、储运卷基础标准［M］. 2 版. 北京：中国标准出版社，2011.
[18] 中国安全生产科学研究院. 危险化学品生产单位安全培训教程［M］. 2 版. 北京：化学工业出版社，2012.
[19] 北京化学工业协会. 危险化学品经营企业安全管理培训教程［M］. 2 版. 北京：化学工业出版社，2011.
[20] 牟天明，张荣. 危险化学品企业班组长安全管理培训教程［M］. 北京：化学工业出版社，2012.
[21] 朱兆华，徐丙根. 危险化学品作业安全技术［M］. 北京：化学工业出版社，2013.
[22] 张荣，练学宁. 危险化学品作业人员安全技术知识培训教程［M］. 北京：中国劳动社会保障出版社，2014.
[23] 陈会明，张静. 化学品安全管理战略与政策［M］. 北京：化学工业出版社，2012.
[24] 法律出版社法规中心. 2020 中华人民共和国安全生产法律法规全书［M］. 北京：法律出版社，2020.
[25] 张宏宇，王永西. 危险化学品事故消防应急救援［M］. 北京：化学工业出版社，2019.
[26] 方文林. 危险化学品从业人员安全培训教材［M］. 北京：中国石化出版社，2020.
[27] 太原化学工业集团有限公司职工大学. 化工企业现场作业安全监护人员培训教材［M］. 北京：中国石化出版社，2021.
[28] 徐建春，王浩. 职业健康与安全［M］. 南京：南京大学出版社，2018.
[29] 方文林. 危险化学品生产安全［M］. 北京：中国石化出版社，2016.

附　　录

1. 禁止标志

表 1　禁止标志

编号	图形标志	名称	标志种类	设置范围和地点
1-1		禁止吸烟 No smoking	H	有甲、乙、丙类火灾危险物质的场所和禁止吸烟的公共场所等，如：木工车间、油漆车间、沥青车间、纺织厂、印染厂等
1-2		禁止烟火 No burning	H	有甲类、乙类、丙类火灾危险物质的场所，如：面粉厂、煤粉厂、焦化厂、施工工地等
1-3		禁止带火种 No kindling	H	有甲类火灾危险物质及其他禁止带火种的各种危险场所，如：炼油厂、乙炔站、液化石油气站、煤矿井内、林区、草原等
1-4		禁止用水灭火 No extinguishing with water	H，J	生产、储运、使用中有不准用水灭火的物质的场所，如：变压器室、乙炔站、化工药品库、各种油库等

续表

编号	图形标志	名称	标志种类	设置范围和地点
1-5		禁止放置易燃物 No laying inflammable thing	H，J	具有明火设备或高温的作业场所，如：动火区，各种焊接、切割、锻造、浇注车间等场所
1-6		禁止堆放 No stocking	J	消防器材存放处、消防通道及车间主通道等
1-7		禁止启动 No starting	J	暂停使用的设备附近，如：设备检修、更换零件等
1-8		禁止合闸 No switching on	J	设备或线路检修时，相应开关附近
1-9		禁止转动 No turning	J	检修或专人定时操作的设备附近

续表

编号	图形标志	名称	标志种类	设置范围和地点
1-10		禁止叉车和厂内机动车辆通行 No access for fork lift trucks and other industrial vehicles	J，H	禁止叉车和其他厂内机动车辆通行的场所
1-11		禁止乘人 No riding	J	乘人易造成伤害的设施，如：室外运输吊篮、外操作载货电梯框架等
1-12		禁止靠近 No nearing	J	不允许靠近的危险区域，如：高压试验区、高压线、输变电设备的附近
1-13		禁止入内 No entering	J	易造成事故或对人员有伤害的场所，如：高压设备室、各种污染源等入口处
1-14		禁止推动 No pushing	J	易于倾倒的装置或设备，如车站屏蔽门等

续表

编号	图形标志	名称	标志种类	设置范围和地点
1-15		禁止停留 No stopping	H，J	对人员具有直接危害的场所，如：粉碎场地、危险路口、桥口等处
1-16		禁止通行 No throughfare	H，J	有危险的作业区，如：起重、爆破现场，道路施工工地等
1-17		禁止跨越 No striding	J	禁止跨越的危险地段，如：专用的运输通道、带式输送机和其他作业流水线，作业现场的沟、坎、坑等
1-18		禁止攀登 No climbing	J	不允许攀爬的危险地点，如：有坍塌危险的建筑物、构筑物、设备旁
1-19		禁止跳下 No jumping down	J	不允许跳下的危险地点，如：深沟、深池、车站站台及盛装过有毒物质、易产生窒息气体的槽车、贮罐、地窖等处

续表

编号	图形标志	名称	标志种类	设置范围和地点
1-20		禁止伸出窗外 No stretching out of the window	J	易于造成头、手伤害的部位或场所，如：公交车窗、火车车窗等
1-21		禁止倚靠 No leaning	J	不能倚靠的地点或部位，如：列车车门、车站屏蔽门、电梯轿门等
1-22		禁止坐卧 No sitting	J	高温、腐蚀性、塌陷、坠落、翻转、易损等易于造成人员伤害的设备设施表面
1-23		禁止蹬踏 No stepping on surface	J	高温、腐蚀性、塌陷、坠落、翻转、易损等易于造成人员伤害的设备设施表面
1-24		禁止触摸 No touching	J	禁止触摸的设备或物体附近，如：裸露的带电体、炽热物体，具有毒性、腐蚀性物体等处

续表

编号	图形标志	名称	标志种类	设置范围和地点
1-25		禁止伸入 No reaching in	J	易于夹住身体部位的装置或场所，如：有开口的传动机、破碎机等
1-26		禁止饮用 No drinking	J	禁止饮用水的开关处，如：循环水、工业用水、污染水等
1-27		禁止抛物 No tossing	J	抛物易伤人的地点，如：高处作业现场、深沟（坑）等
1-28		禁止戴手套 No putting on gloves	J	戴手套易造成手部伤害的作业地点，如旋转的机械加工设备附近
1-29		禁止穿化纤服装 No putting on chemical fibre clothings	H	有静电火花会导致灾害或有炽热物质的作业场所，如：冶炼、焊接及有易燃易爆物质的场所等

续表

编号	图形标志	名称	标志种类	设置范围和地点
1-30		禁止穿带钉鞋 No putting on spikes	H	有静电火花会导致灾害或有触电危险的作业场所，如：有易燃易爆气体或粉尘的车间及带电作业场所
1-31		禁止开启无线移动通信设备 No activated mobile phones	J	火灾、爆炸场所以及可能产生电磁干扰的场所，如：加油站、飞行中的航天器、油库、化工装置区等
1-32		禁止携带金属物或手表 No metallic articles or watches	J	易受到金属物品干扰的微波和电磁场所，如磁共振室等
1-33		禁止佩戴心脏起搏器者靠近 No access for persons with pacemakers	J	安装人工起搏器者禁止靠近高压设备、大型电机、发电机、电动机、雷达和有强磁场设备等
1-34		禁止植入金属材料者靠近 No access for persons with metallic implants	J	易受到金属物品干扰的微波和电磁场所，如磁共振室等

续表

编号	图形标志	名称	标志种类	设置范围和地点
1-35		禁止游泳 No swimming	H	禁止游泳的水域
1-36		禁止滑冰 No skating	H	禁止滑冰的场所
1-37		禁止携带武器及仿真武器 No carrying weapons and emulating weapons	H	不能携带和托运武器、凶器及仿真武器的场所或交通工具，如飞机等
1-38		禁止携带托运易燃及易爆物品 No carrying flammable and explosive materials	H	不能携带和托运易燃、易爆物品及其他危险品的场所或交通工具，如：火车、飞机、地铁等
1-39		禁止携带托运有毒物品及有害液体 No carrying poisonous materials and harmful liquid	H	不能携带托运有毒物品及有害液体的场所或交通工具，如：火车、飞机、地铁等

续表

编号	图形标志	名称	标志种类	设置范围和地点
1-40		禁止携带托运放射性及磁性物品 No carrying radioactive and magnetic materials	H	不能携带托运放射性及磁性物品的场所或交通工具，如：火车、飞机、地铁等

2. 警告标志

表 2　警告标志

编号	图形标志	名称	标志种类	设置范围和地点
2-1		注意安全 Warning danger	H，J	易造成人员伤害的场所及设备等
2-2		当心火灾 Warning fire	H，J	易发生火灾的危险场所，如：可燃性物质的生产、储运、使用等地点
2-3		当心爆炸 Warning explosion	H，J	易发生爆炸危险的场所，如：易燃易爆物质的生产、储运、使用或受压容器等地点
2-4		当心腐蚀 Warning corrosion	J	有腐蚀性物质（GB 12268—2005 中第 8 类所规定的物质）的作业地点

续表

编号	图形标志	名称	标志种类	设置范围和地点
2-5		当心中毒 Warning poisoning	H，J	剧毒品及有毒物质（GB 12268—2005 中第 6 类第 1 项所规定的物质）的生产、储运及使用场所
2-6		当心感染 Warning infection	H，J	易发生感染的场所，如：医院传染病区；有害生物制品的生产、储运、使用等地点
2-7		当心触电 Warning electric shock	J	有可能发生触电危险的电器设备和线路，如：配电室、开关等
2-8		当心电缆 Warning cable	J	在暴露的电缆或地面下有电缆处施工的地点
2-9		当心自动启动 Warning automatic start-up	J	配有自动启动装置的设备
2-10		当心机械伤人 Warning mechanical injury	J	易发生机械卷入、轧压、碾压、剪切等机械伤害的作业地点

续表

编号	图形标志	名称	标志种类	设置范围和地点
2-11		当心塌方 Warning collapse	H，J	有塌方危险的地段、地区，如：堤坝及土方作业的深坑、深槽等
2-12		当心冒顶 Warning roof fall	H，J	具有冒顶危险的作业场所，如：矿井、隧道等
2-13		当心坑洞 Warning hole	J	具有坑洞易造成伤害的作业地点，如：构件的预留孔洞及各种深坑的上方等
2-14		当心落物 Warning falling objects	J	易发生落物危险的地点，如：高处作业、立体交叉作业的下方等
2-15		当心吊物 Warning overhead load	J，H	有吊装设备作业的场所，如：施工工地、港口、码头、仓库、车间等
2-16		当心碰头 Warning overhead obstacles	J	有产生碰头的场所

续表

编号	图形标志	名称	标志种类	设置范围和地点
2-17		当心挤压 Warning crushing	J	有产生挤压的装置、设备或场所，如：自动门、电梯门、车站屏蔽门等
2-18		当心烫伤 Warning scald	J	具有热源易造成伤害的作业地点，如：冶炼、锻造、铸造、热处理车间等
2-19		当心伤手 Warning injure hand	J	易造成手部伤害的作业地点，如：玻璃制品、木制加工、机械加工车间等
2-20		当心夹手 Warning hands pinching	J	有产生挤压的装置、设备或场所，如：自动门、电梯门、列车车门等
2-21		当心扎脚 Warning splinter	J	易造成脚部伤害的作业地点，如：铸造车间、木工车间、施工工地及有尖角散料等处
2-22		当心有犬 Warning guard dog	H	有犬类作为保卫的场所

续表

编号	图形标志	名称	标志种类	设置范围和地点
2-23		当心弧光 Warning arc	H，J	由于弧光造成眼部伤害的各种焊接作业场所
2-24		当心高温表面 Warning hot surface	J	有灼烫物体表面的场所
2-25		当心低温 Warning low temperature/ freezing conditions	J	易于导致冻伤的场所，如：冷库、气化器表面、存在液化气体的场所等
2-26		当心磁场 Warning magnetic field	J	有磁场的区域或场所，如：高压变压器、电磁测量仪器附近等
2-27		当心电离辐射 Warning ionizing radiation	H，J	能产生电离辐射危害的作业场所，如：生产、储运、使用 GB 12268—2005 规定的第 7 类物质的作业区
2-28		当心裂变物质 Warning fission matter	J	具有裂变物质的作业场所，如：其使用车间、储运仓库、容器等

续表

编号	图形标志	名称	标志种类	设置范围和地点
2-29		当心激光 Warning laser	H，J	有激光产品和生产、使用、维修激光产品的场所
2-30		当心微波 Warning microwave	H	凡微波场强超过GB 10436、GB 10437规定的作业场所
2-31		当心叉车 Warning fork lift trucks	J，H	有叉车通行的场所
2-32		当心车辆 Warning vehicle	J	厂内车、人混合行走的路段，道路的拐角处、平交路口；车辆出入较多的厂房、车库等出入口处
2-33		当心火车 Warning train	J	厂内铁路与道路平交路口，厂（矿）内铁路运输线等
2-34		当心坠落 Warning drop down	J	易发生坠落事故的作业地点，如：脚手架、高处平台、地面的深沟（池、槽）、建筑施工、高处作业场所等

续表

编号	图形标志	名称	标志种类	设置范围和地点
2-35		当心障碍物 Warning obstacles	H	地面有障碍物、绊倒易造成伤害的地点
2-36		当心跌落 Warning drop (fall)	J	易于跌落的地点，如：楼梯、台阶等
2-37		当心滑倒 Warning slippery surface	J	地面有易造成伤害的滑跌地点，如：地面有油、冰、水等物质及滑坡处
2-38		当心落水 Warning falling into water	J	落水后可能产生淹溺的场所或部位，如：城市河流、消防水池等
2-39		当心缝隙 Warning gap	J	有缝隙的装置、设备或场所，如：自动门、电梯门、列车等

3. 指令标志

表3 指令标志

编号	图形标志	名称	标志种类	设置范围和地点
3-1		必须戴防护眼镜 Must wear protective goggles	H，J	对眼睛有伤害的各种作业场所和施工场所
3-2		必须配戴遮光护目镜 Must wear opaque eye protection	J，H	存在紫外、红外、激光等光辐射的场所，如电气焊等
3-3		必须戴防尘口罩 Must wear dustproof mask	H	具有粉尘的作业场所，如：纺织清花车间、粉状物料拌料车间以及矿山凿岩处等
3-4		必须戴防毒面具 Must wear gas defence mask	H	具有对人体有害的气体、气溶胶、烟尘等作业场所，如：有毒物散发的地点或处理由毒物造成的事故现场
3-5		必须戴护耳器 Must wear ear protector	H	噪声超过85 dB的作业场所，如：铆接车间、织布车间、射击场、工程爆破、风动掘进等处

续表

编号	图形标志	名称	标志种类	设置范围和地点
3-6		必须戴安全帽 Must wear safety helmet	H	头部易受外力伤害的作业场所，如：矿山、建筑工地、伐木场、造船厂及起重吊装处等
3-7		必须戴防护帽 Must wear protective cap	H	易造成人体碾绕伤害或有粉尘污染头部的作业场所，如：纺织、石棉、玻璃纤维以及具有旋转设备的机加工车间等
3-8		必须系安全带 Must fastened safety belt	H，J	易发生坠落危险的作业场所，如：高处建筑、修理、安装等地点
3-9		必须穿救生衣 Must wear life jacket	H，J	易发生溺水的作业场所，如：船舶、海上工程结构物等
3-10		必须穿防护服 Must wear protective clothes	H	具有放射、微波、高温及其他需要穿防护服的作业场所

续表

编号	图形标志	名称	标志种类	设置范围和地点
3-11		必须戴防护手套 Must wear protective gloves	H，J	易伤害手部的作业场所，如：具有腐蚀、污染、灼烫、冰冻及触电危险的作业等地点
3-12		必须穿防护鞋 Must wear protective shoes	H，J	易伤害脚部的作业场所，如：具有腐蚀、灼烫、触电、砸（刺）伤等危险的作业地点
3-13		必须洗手 Must wash your hands	J	接触有毒有害物质作业后
3-14		必须加锁 Must be locked	J	剧毒品、危险品库房等地点
3-15		必须接地 Must connect an earth terminal to the ground	J	防雷、防静电场所

续表

编号	图形标志	名称	标志种类	设置范围和地点
3-16		必须拔出插头 Must disconnect mains plug from electrical outlet	J	在设备维修、故障、长期停用、无人值守状态下

4. 提示标志

表 4　提示标志

编号	图形标志	名称	标志种类	设置范围和地点
4-1	 	紧急出口 Emergent exit	J	便于安全疏散的紧急出口处，与方向箭头结合设在通向紧急出口的通道、楼梯口等处
4-2		避险处 Haven	J	铁路桥、公路桥、矿井及隧道内躲避危险的地点
4-3		应急避难场所 Evacuation assembly point	H	在发生突发事件时用于容纳危险区域内疏散人员的场所，如：公园、广场等

续表

编号	图形标志	名称	标志种类	设置范围和地点
4-4		可动火区 Flare up region	J	经有关部门划定的可使用明火的地点
4-5		击碎板面 Break to obtain access	J	必须击开板面才能获得出口
4-6		急救点 First aid	J	设置现场急救仪器设备及药品的地点
4-7		应急电话 Emergency telephone	J	安装应急电话的地点
4-8		紧急医疗站 Doctor	J	有医生的医疗救助场所